21 世纪全国高职高专机电类规划教材

液压与气动技术

吴春玉 辛 莉 主 编

北京大学 出版社
PEKING UNIVERSITY PRESS

内 容 简 介

本书紧紧围绕高职高专教学基本要求，按照必需够用为度、培养技能、重在应用的原则编写而成。全书共分 12 章，内容包括：液压传动基础知识，液压元件的工作原理、性能及应用，液压基本回路及典型系统，气源装置，气动元件的工作原理、性能及应用，气压常见回路等主要内容。简明地介绍了液压与气动系统使用中常见故障诊断、排除故障及维护方面的基本知识。

本书适合作为高职高专院校机械工程类各专业教材使用，还可作为各类业余大学、函授大学、电视大学、自学考试及中等职业学校相关专业的教学参考书，也可作为机械类工程技术人员、液压与气压设备维护人员培训之用。

图书在版编目（CIP）数据

液压与气动技术/吴春玉，辛莉主编. —北京：北京大学出版社，2008.8
（21 世纪全国高职高专机电类规划教材）
ISBN 978-7-301-13077-3

Ⅰ. 液…　Ⅱ. ①吴… ②辛…　Ⅲ. ①液压传动—高等学校：技术学校—教材②气压传动—高等学校：技术学校—教材　Ⅳ. TH137　TH138

中国版本图书馆 CIP 数据核字（2007）第 192192 号

书　　　　　名：	液压与气动技术
著作责任者：	吴春玉　辛莉　主编
责 任 编 辑：	桂　春
标 准 书 号：	ISBN 978-7-301-13077-3/TH · 0069
出 版 者：	北京大学出版社
地　　　址：	北京市海淀区成府路 205 号 100871
电　　　话：	邮购部 62752015　发行部 62750672　编辑部 62765126　出版部 62754962
网　　　址：	http://www.pup.cn
电 子 信 箱：	xxjs@pup.pku.edu.cn
印 刷 者：	北京大学印刷厂
发 行 者：	北京大学出版社
经 销 者：	新华书店
	787 毫米×1092 毫米　16 开本　13.75 印张　334 千字
	2008 年 8 月第 1 版　2016 年 7 月第 4 次印刷
定　　　价：	25.00 元

21 世纪全国高职高专机电类规划教材

编 委 会

编委会主任：黄泽森　闫瑞涛

编委会副主任（排名不分先后）

栾敏　秦庆礼　张晓翠　赵世友

编委会委员（排名不分先后）

邓先智　耿南平　何　晶　侯长来　胡育辉　黄仕君

马光全　汤承江　王军红　王新兰　吴春玉　谢婧

辛　莉　宇海英　袁晓东　张　琳　张　明　朱福明

前　　言

当前，我国高等职业技术教育和高等专科教育正处于一次深层次重大改革中。培养能用会学、实用型和应用型的技术人才是职业技术教育的发展方向和最终目标。本书正是顺应这种理念，参照高等职业技术和高等专科教育机械电气类专业的人才培养目标和岗位技能需要，广泛吸取相关教材优势，并突出针对性和实用性编写而成。

全书包含液压传动和气压传动两部分内容，共12章。第1～9章主要论述了液压传动的流体力学基础知识，液压元件的工作原理和结构特点，液压基本回路的组成和典型系统分析，液压伺服控制系统；第10～12章主要论述了气源装置和气动元件的工作原理以及结构特点，气动基本回路。此外，对液压与气动系统常见故障分析与排除方法也作了适当的介绍。

本书以液压为主线，对一些理论和经验着重讲解其在实际生产中的应用；介绍的液压与气压元件工作原理图与实物非常贴近，基本回路讲述详细以便与实际应用相结合；典型结构示例配以常用新型的结构图；液压气动图形符号全部采用国家最新标准；同时考虑到液压与气压传动之间存在较多的共性，为避免不必要的重复，教材中对气动技术的相关内容适当进行了删减与突出。全书充分突出"教"、"学"、"做"三结合，各章节叙述通俗易懂以便学生阅读和理解，基础知识部分以必需够用为度，专业知识部分和范例实用性强，注意理论教学与实训教学的密切结合，注重培养学生应用技术和综合素质方面的能力，此外各章末均有复习思考题。

本书编写过程中注重内容新颖，深入浅出，通俗易懂。同时增加了部分新型元件实例图片和实例内容，力求反映我国液压与气动发展的最新情况。本书每章配有思考题，供读者参考，以加深对本书内容的理解。本书同时出版的还有配套习题集和操作实训内容。

本书吴春玉和辛莉任主编，全书由吴春玉统稿。参加编写工作的有（按章节为序）：天津电子信息职业技术学院王新兰（第1章），黑龙江农业职业技术学院辛莉（第2、6章及附录1、2），黑龙江农业经济职业学院樊昱（第3、8章），天津电子信息职业技术学院陶群利（第4章），天津电子信息职业技术学院吴春玉（第5、7、9章），天津电子信息职业技术学院刘建敏（第10、11、12章）。在本书的编写过程中，天津大学曹玉平教授对本书的编写提出了十分有益的建议和修改意见，在此表示衷心感谢！同时，还要感谢中国国际航空公司天津分公司维修基地冯昕先生鼎力协助，提供大量宝贵资料和实践经验。

由于编者水平有限，加之时间仓促，书中难免有误，敬请广大读者批评指正。

作者联系方式　E-mail：suny99311@sina.com

编　者

2008年5月

目　　录

第1章　液压传动概述

液压传动是以液体作为工作介质，利用液体的压力能来实现能量传递的传动方式。相对于机械传动来说，液压传动是一门较新的技术。由于它具有许多突出的优点，近年来被广泛应用在工业、农业、交通、军事等各方面，也被应用在宇宙航行、海洋开发、核能建设等新的技术领域中。

1.1　液压传动的工作原理

液压传动的应用领域很广，具体的液压传动结构也比较复杂。下面仅以图 1-1 所示的液压千斤顶为例，简述液压传动的工作原理。

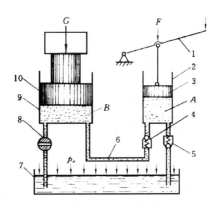

图 1-1　液压千斤顶工作原理图
1—杠杆手柄　2—小缸体　3—小活塞　4、5—单向阀
6—油管　7—油箱　8—截止阀　9—大缸体　10—大活塞

图中，大小两个缸体 9 和 2 分别装有活塞 10 和 3，活塞和缸体之间配合良好，不仅活塞能在缸体内滑动，而且配合面之间又能实现可靠密封，液体不会产生泄漏，加之单向阀 4，5 和截止阀 8 的作用，便形成两个密封容腔。而杠杆手柄 1、小缸体 2、小活塞 3 及两个单向阀组成手动液压泵；大缸体 9 和大活塞 10 组成举升液压缸。当提起手柄使小活塞上移时，其下端油腔容积增大，形成局部真空，油箱中的油液在大气压作用下，通过吸油管，顶开单向阀 5，补充到小活塞下端，完成吸油过程；用力压下手柄时，小活塞下移，其下腔油液受到挤压作用压力升高，使单向阀 5 关闭，有效防止了油液向油箱倒流，同时受压力作用单向阀 4 开启，小活塞 3 下腔的油液输入到大缸体 9 的下腔，迫使大活塞 10 上移，重物被顶起，完成一次压油过程。再次提起手柄完成吸油过程时，小缸体内再次形成的局部真空导致单向阀 4 自动关闭，使大活塞下腔油液不能倒流，从而保证重物不会因再次吸油而下滑。不断的

往复扳动手柄，就能不断地把油液压入举升缸下腔，使重物逐渐升起。适当的选择两个大、小活塞面积和杠杆比，就可以很小的外力升起很重的负载重物 G，重物举升的速度决定于小活塞的下移速度和大、小活塞的面积之比。

千斤顶工作时，截止阀 8 关闭。当需要将大活塞（重物）放下时，打开截止阀 8，大缸中的油液在重力作用下经此阀流回油箱，大活塞下降到原位实现回程。

液压千斤顶是一个简单的液压传动装置。其右部分的手动液压泵不断地从油箱吸油并将油液压入举升液压缸，向举升缸提供具有一定流量的压力油液。举升缸用以带动负载，使之获得所需要的运动。从分析液压千斤顶的工作过程可知，液压传动是以密封容腔中的液体作为工作介质，利用密封容积变化过程中的液体压力能来实现动力和运动传递的一种能量转换装置。液压泵将输入的机械能转化为便于输送的液体压力能，然后液压缸又将液压能转换为机械能输出而做功。所以，在液压传动中，在传递能量的同时，还存在着能量形式的转换。

1.2　液压传动的系统组成

1.2.1　简单机床的液压系统

液压传动，是指利用高压的液体经由一些机件控制之后来传递运动和动力。图 1-2（a）所示为一驱动机床工作台做往复运动的液压传动系统，它由油箱 1，滤油器 2，液压泵 3，溢流阀 4，换向阀 5 和 7，节流阀 6，液压缸 8，工作台 9 以及连接这些元件的油管、管接头等组成。

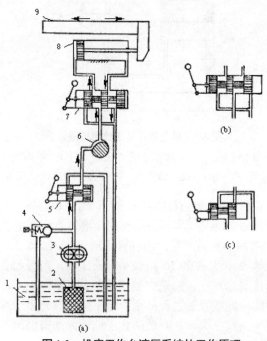

图 1-2　机床工作台液压系统的工作原理

1—油箱；2—滤油器；3—液压泵；4—溢流阀；

5、7—换向阀；6—节流阀；8—液压缸；9—工作台

　　液压泵由电机驱动旋转，油液经滤油器从油箱中吸入液压泵，泵输出的压力油经换向阀 5、节流阀 6、换向阀 7 进入液压缸左腔。此时，液压缸右腔的油液经换向阀 7 和回油管路排回油箱，液压缸推动工作台 9 向右移动。

　　当把换向阀 7 的手柄移动到图 1-2（b）所示状态时，经节流阀 6 的压力油由换向阀 7 进入液压缸右腔。此时液压缸左腔的油经换向阀 7 和回油管排回油箱，液压缸推动工作台向左移动。因而换向阀 7 的主要功能是控制液压缸机工作台的运动方向。

　　工作台的移动速度就是液压缸活塞运动速度，由节流阀 6 调节。改变节流阀的开口量大小，便可调节流入液压缸油液的流量，以控制工作台的运动速度。液压泵输出的多余油液，经溢流阀 4 和回油管溢回油箱。

　　液压缸推动工作台移动时必须克服液压缸受到的各种阻力，因而液压缸必须产生一个足够大的推力。这个推力是由液压缸中的油液压力产生的。要克服的阻力越大，液压缸中的油液压力越高；反之，压力就越低。系统中由于节流阀调节输入油缸油液，而液压泵输出的多余油液则经溢流阀排回油箱。只有在压力管路中的油液压力等于或略大于溢流阀中弹簧的预压力时，油液才能打开溢流阀流回油箱，所以图示系统中液压泵出口处的油液压力是由溢流阀调定的。一般情况下，液压泵出口处溢流阀的调定压力值大于液压缸的工作压力（由负载决定），以克服负载和油液流经各种阀体和油管的压力损失。因而溢流阀在液压系统中的主要功能是控制系统的工作压力。

　　当需要短期停止工作台运动时（如在装卸工件或测量尺寸时），可以拨动换向阀 5 的操纵手柄，使其阀芯处于左位，如图 1-2（c）所示状态。此时，液压泵输出的油液不能流入液压缸，而是经换向阀 5 直接排回油箱，同时液压缸的进油管路被关闭，工作台停止运动。所以换向阀 5 通常又称为开停阀。这种情况液压泵没有负载，泵输出的油液便没有压力（忽略管路压力损失），这种状态称为卸荷。

　　液压系统中的滤油器 2 用以限制油液中的杂质进入泵和液压系统，保证油液的清洁度，使系统工作正常。

1.2.2　液压传动系统组成

　　液压装置一般由动力元件、执行元件、控制调节元件、辅助元件和工作介质组成。

　　（1）动力元件。它将机械能转换成液体压力能。常见液压泵由电动机带动，它提供一定流量的压力油液。

　　（2）执行元件。它将液体压力能转换成机械能。液压系统最终目的是要推动负载运动，执行装置分为液压缸与液压马达（或摆动缸）两类；液压缸使负载作直线运动，液压马达（或摆动缸）使负载转动（或摆动）。

　　（3）控制调节元件。液压系统除了让负载运动以外还要完全控制负载的整个运动过程。在液压系统中，用压力阀来控制力量，流量阀来控制速度，方向阀来控制运动方向。

　　（4）辅助元件。用来储存液压油的油箱，增强液压系统功能需有去除油内杂质的过滤器，还有冷却器及蓄能器等液压元件，我们称这些元件为辅助元件。

　　（5）工作介质。传动液体，通常采用液压油。它用于实现动力和运动的传递。

1.3　液压传动的优缺点及应用

1.3.1　液压传动的优点

与机械传动、电气传动相比，液压传动具有以下优点。

（1）在传递同等功率的情况下，液压传动装置的体积小、重量轻、结构紧凑。据统计，液压马达的重量只有同功率电动机重量的10%～20%，而且液压元件可在很高的压力下工作，因此液压传动能够传递较大的力或力矩。

（2）液压装置由于重量轻、惯性小、工作平稳、换向冲击小，易实现快速启动，制动和换向频率高。对于回转运动每分钟可达500次，直线往复运动每分钟可达400～1000次。这是其他传动控制方式无法比拟的。

（3）液压传动装置易实现过载保护，安全性好，不会有过负载的危险。

（4）液压传动装置能在运动过程中实现无级调速，调速范围大（可达范围1∶2000）速度调整容易，而且调速性能好。

（5）液压传动装置调节简单、操纵方便，易于自动化，如与电气控制相配合，可方便的实现复杂的程序动作和远程控制。

（6）工作介质采用油液，元件能自行润滑，故使用寿命较长。

（7）元件已标准化，系列化和通用化。便于设计、制造、维修、推广使用。

（8）液压装置比机械装置更容易实现直线运动。

1.3.2　液压传动的缺点

（1）由于接管不良等原因造成液压油外泄，它除了会污染工作场所外，还有引起火灾的危险。

（2）液压系统大量使用各式控制阀、接头及管子，为了防止泄漏损耗，元件的加工精度要求较高。

（3）液压传动不能保证严格的传动比，这是由于液压油的可压缩性和泄漏造成的。

（4）油温上升时，粘度降低；油温下降时，粘度升高。 油的粘度发生变化时，流量也会跟着改变，造成速度不稳定。

（5）系统将机械能转换成液体压力能，再把液体压力能转换成机械能做功，能量经两次转换损失较大，能源使用效率比传统机械低。

（6）液压传动由于在两次能量转换过程中存在机械摩擦损失、液体压力损失和泄漏损失等，故不宜远距离传输。

（7）液压传动装置出现故障时不易追查原因，不易迅速排除。

综上所述，液压传动的优点是主要的、它的缺点会随生产技术水平提高被逐步克服。因此，液压技术的发展十分迅速，它将在现代化生产中发挥越来越重要的作用。

1.3.3　液压传动技术的应用

由于液压传动优点很多，因而在国民经济的各个部门得到了广泛应用（见表1-1）。目前，其应用领域仍在不断扩展，从组合机床、机械手、自动加工及装配线到金属及非金属压延、注射成型设备，从材料及机构强度试验机到电液仿真试验平台，从建筑、工程机械到农业、环保设备，从能源机械调整控制到热力与化工设备过程控制，从橡胶、皮革、造纸机械到建筑材料生产自动线，从采煤机械到石油钻探及采收设备，从航空航天器控制到船舶、火车、汽车等运输设备等等，液压传动与控制技术已成为现代机械工程制造业的基本要素和工程控制关键技术之一。

液压传动与控制技术在各个领域和部门中应用的出发点不尽相同。例如，工程机械、矿山机械、起重运输机械、压力机械等领域采用液压传动技术的重要原因是取其结构简单、体积小，可输出大力、大功率；航空、航天等领域采用液压传动技术的主要原因是取其单位功率的重量轻、结构尺寸小；机床及其加工自动线上采用液压传动技术是取其能在工作过程中实现无级调速，易于实现频繁启动、制动及换向，易于实现自动化，等等。

表 1-1　液压传动在各类机械行业中的应用

行业名称	应用举例	行业名称	应用举例
工程机械	挖掘机、装载机、推土机	轻工机械	打包机、注塑机
矿山机械	凿石机、开掘机、提升机、液压支架	灌装机械	食品包装机、真空镀膜机、化肥包装机
冶金机械	轧钢机、压力机、步进加热炉	汽车工业	高空作业机、自卸式汽车、汽车起重机
锻压机械	液压机、模锻机	铸造机械	砂型压石机、加料机、压铸机
建筑机械	打桩机、液压千斤顶、平地机	纺织机械	织布机、抛砂机、印染机
机械制造	组合机床、车床、自动线	电子机械	IC 制造业

1.3.4　液压传动技术的发展概况

对于机械传动来说，液压传动是一门新兴的技术。如果从 17 世纪中叶帕斯卡提出静压力传递原理、18 世纪末英国制成世界上第一台水压机算起，液压传动已有三百年的历史。然而广泛应用于工业、农业和国防等各个部门，还是近五六十年的事。

19 世纪是液压传动技术走向工业应用的世纪。18 世纪以前奠定的流体力学、热力学、摩擦学、机构学及控制理论等科学基础及机器制造工艺基础，为 20 世纪流体传动与控制技术的发展提供了科学与技术条件。值得一提的事，1905 年美国人 Janney 首先将矿物油引入液体传动作为传动介质，并设计研制了第一台轴向柱塞泵及其液压驱动装置。液压油的引入，为改善液压元件的摩擦、润滑和泄漏，为提高液压系统工作压力创造了条件。由于没有成熟的液压元件，一些通用的机床设备及机械直到 20 世纪 30 年代才开始采用液压传动技术，而且很不普遍。第二次世界大战期间，大规模的武器生产促进了机械制造工业标准化、模块化概念与技术的形成和发展，车辆、舰船、航空、兵器等采用了反映快、动作准、功率大的液压传动装置，推动了液压元件功率密度和控制性能的提高，推动了液压技术的发展。战后，液压技术迅速转向民用，在机床、工程机械、汽车等行业中逐步推广。20 世纪 60 年代以后，随着原子能、空间技术、计算机技术等的发展，液压技术已渗透到国民经济的各个领域，得到了长足发展。

我国的液压工业起步较晚，开始于 20 世纪 50 年代，但发展很快，现已形成了具有一定独立开发设计能力，能生产一批技术先进、质量较好的液压元件和系统，产品门类比较齐全，具有一定技术水平和相当规模的液压工业体系。可以预期，随着我国国民经济飞速的发展，必将促进液压技术得到更为广泛的应用和发展，在我国现代化建设的进程中起到重要作用。

通过回顾历史可看出，液压传动技术是机械设备中发展速度最快的技术之一。特别是近年来液压与微电子、计算机技术相结合，是液压技术进入了一个新的发展阶段，使未来的液压技术变得更为机械电子一体化、模块化、智能化和网络化。按照可持续发展理念，未来液压传动介质、材料、工艺及产品应符合生态与环保要求，符合可再生、可持续发展要求，新的液压传动介质将可能具有自洁净、自补偿（压敏、场敏、温敏）、自降解（光敏或生物降解），更适应传动、润滑和生态环境友好的要求。随着材料科学的发展，新材料、新工艺引入液压技术，将使液压传动与控制元器件加工精度及表面质量达到新的量级，从而使元器件效率、寿命得以数量级的提高。

1.4　思　考　题

1. 液压系统通常由哪几部分组成?各部分的作用是什么?
2. 液压系统的优缺点各是什么?
3. 液压千斤顶的工作原理是什么?

第 2 章   液压传动基础知识

2.1   液压传动工作介质

液压传动中的工作介质在液压传动中不仅起传递运动和动力的作用，还起润滑、冷却、密封和防锈的作用。工作介质性能的好坏，选择是否得当，对液压系统能否有效、可靠地工作影响很大。因此，在掌握液压系统之前，必须先对工作介质有一基本认识。

2.1.1   液压油的主要性质

1. 液体的密度

单位体积液体所具有的质量称为液体的密度，通常以 ρ（kg/m³）表示，即

$$\rho = \frac{m}{V} \tag{2-1}$$

式中　m——液体的质量（kg）；

V——液体的体积（m³）。

密度是液体的一个重要的物理参数。矿物油型液压油的密度因油的牌号而不同，并随温度升高而有所减小，随压力的提高而略有增大。由于液压系统中工作压力和油温变化不大，所以液体的密度变化甚微，即可将其视为常数。我国采用 20℃时的密度作为油液的标准密度，以 ρ_{20} 表示。在进行液压系统相关的计算时，通常取液压油的密度为 900 kg/m³。

2. 液体的可压缩性

液体在压力作用下体积减小的这种性质称为液体的可压缩性。液体压缩性大小用压缩系数 k 表示。其定义为：单位压力变化时，液体体积的相对变化量。其表达式为：

$$k = -\frac{1}{\Delta p} \cdot \frac{\Delta V}{V_0} \quad (\text{m}^2/\text{N}) \tag{2-2}$$

式中　Δp——液体压力的变化值；

ΔV——液体体积在压力变化 Δp 时的变化量；

V_0——液体的初始体积。

式中负号是因为压力增大时，液体的体积减小，反之则增大。为了使 k 值为正值，故加一负号。

液压油在低、中压下一般被认为是不可压缩的，但在高压时其压缩性就不可忽略。纯油的可压缩性是钢的 100～150 倍。液体的可压缩性会降低液体运动的精度、增大压力损失，延迟传递信号时间等。

液体体积压缩系数的倒数称为液体体积弹性模量，用 K 表示，则

$$K = \frac{1}{\kappa} = -\frac{\Delta p V_0}{\Delta V} \ (\text{Pa}) \tag{2-3}$$

液体的弹性模量值说明了液体抵抗压缩能力的大小。一般，液体弹性模量值越大越好。当液压油中混有空气时，其抗压缩能力会显著降低。在有较高要求或压力变化较大的液压系统中，应力求减少油液中混入的气体及其他易挥发物质（如汽油、煤油、乙醇和苯等）的含量，以减小对液压系统工作性能的不良影响。

3. 液体的粘性

（1）粘性的物理性质。液体在外力作用下流动（或有流动趋势）时，分子间的内聚力要阻止分子间的相对运动，因而产生的一种内摩擦力，这一特性称为液体的粘性。粘性是液体的重要物理性质，也是选择液压油的主要依据之一。

（2）牛顿液体内摩擦定律。粘性使流动液体内部各处的速度不相等，如图 2-1 所示，设两平行平板间充满液体，下平板不动，上平板以速度 u_0 向右平移。由于液体的粘性作用，紧靠下平板和上平板的液体层速度分别为零和 u_0，而中间各液层的速度则视它距下平板的距离大小近似呈线性规律分布。

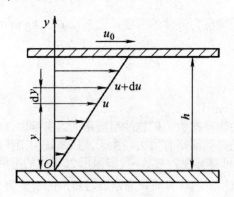

图 2-1　液体的粘性示意图

实验表明，液体流动时相邻液体层间的内摩擦力 F 与液层接触面积 A、液层间的速度梯度 $\mathrm{d}u/\mathrm{d}y$ 成正比，则

$$F = \mu A \frac{\mathrm{d}u}{\mathrm{d}y} \tag{2-4}$$

式中，μ——比例常数，称为粘性系数或动力粘度，也称绝对粘度。

若以 τ 表示内摩擦切应力，即液层间在单位面积上的内摩擦力，则

$$\tau = \frac{F}{A} = \mu \frac{\mathrm{d}u}{\mathrm{d}y} \tag{2-5}$$

式（2-5）就是牛顿液体内摩擦定律。

由式（2-5）可知，在静止液体中，因速度梯度 $\mathrm{d}u/\mathrm{d}y = 0$，内摩擦力为 0，所以流体在静止状态下是不呈粘性的。液体只有在流动（或有流动趋势）时才会呈现出粘性。

（3）粘度。液体的粘度是指它在单位速度梯度下流动时单位面积上产生的内摩擦力。粘度是衡量液体粘性的指标，常用的粘度表示方法有 3 种，即动力粘度、运动粘度和相对粘度。

① 动力粘度

动力粘度用 μ 来表示，表达式为 $\mu = \dfrac{\tau}{du/dy}$ 单位为 1Pa·s（帕·秒）　　　　（2-6）

以前沿用的单位为 P（泊，dyne·s/cm²），1Pa·s=10P=10^3cP（厘泊）。从 μ 的单位可看出，μ 具有力、长度、时间的量纲，即具有动力学的量，故称动力粘度。

物理意义：液体在一定切应力下流动时，液体内部阻力的大小。或说液体在单位速度梯度下流动时，接触液体液层间单位面积上的内摩擦力。

② 运动粘度

液体的动力粘度与其密度的比值，称为液体的运动粘度 v，即

$$v = \frac{\mu}{\rho} \qquad (2\text{-}7)$$

运动粘度的单位是 m²/s，以前沿用的单位是 St（斯），1 m²/s=10^6 mm²/s=10^4 St=10^6 cSt（厘斯）。因运动粘度具有长度和时间的量纲，即具有运动学的量，故称运动粘度。

比值 v 无物理意义，但它却是工程实际中经常用到的物理量，国际标准化组织 ISO 规定统一采用运动粘度来表示油的粘度等级。我国生产的全损耗系统用油和液压油采用 40℃时的运动粘度值（以 mm²/s 计）为其粘度等级标号，即油的牌号。例如牌号 L-HL22 的普通液压油，就是指这种油在 40℃时运动粘度平均值为 22 mm²/s。

③ 相对粘度

相对粘度又称条件粘度。它是在特定测量条件下制定的。美国、英国采用通用赛氏秒（SSU）或商用雷氏秒（R_1S），中国、德国、俄罗斯采用恩氏粘度（°E）。

恩氏粘度由恩氏粘度计测定，即将 200 ml 温度为 t 的被测液体装入底部有 Φ2.8 mm 小孔的恩氏粘度计的容器中，测定全部液体在自重作用下流过小孔所需的时间 t_1，再测定同体积温度为 20℃的蒸馏水在同一粘度计中流尽所需的时间 t_2，这两个时间之比即为该液体在 t 下的恩氏粘度，即

$$°E_t = \frac{t_1}{t_2} \qquad (2\text{-}8)$$

工业上常用 20℃、50℃、100℃作为测定恩氏粘度的标准温度，并分别用相应的符号°E_{20}、°E_{50}、°E_{100} 表示。

恩氏粘度与运动粘度（单位取 m²/s）间的换算关系为：

$$v = \left(7.31°E_t - \frac{6.31}{°E_t}\right) \times 10^{-6} \qquad (2\text{-}9)$$

（4）粘度和压力的关系。当油液所受的压力加大时，其分子间的距离就缩小，内聚力增加，粘度会变大。但是这种变化在低压时并不明显，可以忽略不计，而在高压情况下，这种变化不可忽略。

（5）粘度和温度的关系。油液的粘度随温度变化的性质称为粘温特性。温度对油液粘度的影响很大，如图 2-2 所示，当油液温度升高时，其粘度显著下降。油液粘度的变化直接影响到液压系统的性能和泄漏量，因此希望油液粘度随温度的变化越小越好。

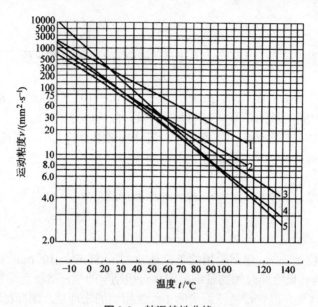

图 2-2　粘温特性曲线

1—水包油乳化液　2—水-乙二醇液　3—矿油型高粘度指数液压油
4—矿油型普通液压油　5—磷酸酯传动液

4. 其他性质

液压传动工作介质还有其他一些性质，如稳定性（热稳定性、氧化稳定性、水解稳定性、剪切稳定性等）、抗泡沫性、抗乳化性、防锈性，润滑性以及相容性（对所接触的金属、密封材料、添加料等的作用程度）等，都对它的选择和使用有重要影响。这些性质需要在精炼的矿物油中加入各种添加剂来获得，其含义较为明显，具体可参考相关产品手册。

2.1.2　对液压油的基本要求和选用

1. 液压油的种类

液压油的品种很多，主要分为三大类型：矿油型、乳化型和合成型。液压油的主要品种及其特性和用途见表 2-1。液压油的品种以其代号和后面的数字组成，代号中 L 表示润滑剂类别，H 表示液压系统用的工作介质，数字表示为该工作介质的粘度等级。

表 2-1　液压油的主要品种及其特性和用途（GB11118.1—1994）

分类	名　称	ISO 代号	组成、特性和用途
矿油型	精制矿物油	L—HH	无剂的精制矿油，抗氧化性、抗泡沫性较差；循环润滑油，液压系统不宜使用；可作液压代用油，用于要求不高的低压系统
	普通液压油	L—HL	HH 油加添加剂，提高其抗氧化性、防锈性、抗乳化性和抗泡性；适用于机床等设备的低压润滑系统
	抗磨液压油	L—HM	HL 油加添加剂，改善其抗磨性；满足中、高压液压系统油泵等部件的抗磨性要求
矿油型	低温液压油	L—HV	HM 油加添加剂，改善其粘温特性；适用于寒区-30℃以上、作业环境温度变化较大的室外中、高压液压系统的机械设备

分类	名　　称	ISO 代号	组成、特性和用途
矿油型	高粘度指数液压油	L—HR	HL 油加添加剂，改善其粘温特性；粘温特性优于 L-HV 油，适用于数控机床液压系统和伺服系统
	液压导轨油	L—HG	HM 油加添加剂，改善其粘-滑特性；适用于液压及导轨为一个油路系统的精密机床，可使机床在低速下将振动或间断滑动（粘-滑）减为最小
	其他液压油	—	加入多种添加剂；用于高品质的专用液压系统
乳化型	水包油乳化液	L—HFA	又称高水基液，特点是难燃、粘温特性好，使用温度为 5～50℃，有一定的防锈能力，粘度低，润滑性差，易泄漏，系统压力不宜高于 7 Mpa。适用于有抗燃要求，用液量特别大，泄漏严重的液压系统
	油包水乳化液	L—HFB	其性能接近液压油，既具有矿油型液压油的抗磨、防锈性能，又具有抗燃性，使用油温不得高于 65℃，适用于有抗燃要求的中压系统
合成型	水-乙二醇液	L—HFC	难燃，粘温特性和抗蚀性好，润滑性较差，能在-18℃～65℃温度下使用，适用于有抗燃要求的中压系统
	磷酸酯传动液	L—HFDR	难燃，自燃点高，挥发性低，润滑抗磨性能和抗氧化性能良好，能在-20℃～100℃温度范围内使用；缺点是有微毒。适用于有抗燃要求的高温、高压精密液压系统

矿物油型液压油是最常用的液压系统工作介质，其各项性能都优于全损耗系统用油 L-AN（原称机械油）。我国在液压油系统中曾使用的加有抗氧剂的各种牌号机械油现已废除。矿油型液压油以无剂的精制矿油为基料，为改善其性能，往往要加入各种添加剂。添加剂有两类：一类是改善油液化学性能的，如抗氧化剂、防腐剂、防锈剂等；另一类是改善油液物理性能的，如增粘剂、抗磨剂、防爬剂等。矿油型液压油具有可燃性，其粘度等级有15～150等多种规格。

乳化型工作介质简称乳化液，它由两种互不相容的液体（如水和油）构成。液压系统乳化液分为两大类，一类是少量油分散在大量水中，称为水包油乳化液；另一类是水分散在油中，称为油包水乳化液。

合成型液压油主要有水-乙二醇液和磷酸酯传动液。水-乙二醇液由乙二醇、水、增粘剂和添加剂组成，有 L-HFC15、22、32、46、68、100 等 6 种；磷酸酯传动液是用各种无水的磷酸酯作基础，再加入各种添加剂而制成的，有 L-HFDR15、20、46、68 等 5 个品种。

2. 对液压油的基本要求

液压系统虽都由泵、阀、缸等元件组成，但不同的工作机械、不同的使用情况对液压传动工作介质的要求有很大不同。为了使液压系统能正常地工作，很好地传递运动和动力，使用的工作介质应主要具备如下性能。

（1）合适的粘度和较好的粘温特性，润滑性能良好。

（2）质地纯净，杂质少，对人体无害，成本低。

（3）对金属和密封件、橡胶软管等有良好的相容性。

（4）对热、氧化、水解和剪切都有良好的稳定性。

（5）抗泡沫和抗乳化性好，腐蚀性小，防锈能力强。

（6）流动点和凝固点低，闪点（明火能使油面上油蒸气闪燃，但油本身不燃烧时的温度）

和燃点，比热容和热导率大，体积膨胀系数小。

对于不同的液压系统，则需根据具体情况突出某些方面的使用性能要求。

3. 液压油的选用原则

（1）液压系统的工作条件。在液压系统的所有元件中，以液压泵对液压油的性能最为敏感，因为泵内零件的运动速度很高，承受的压力较大，润滑要求苛刻而且温升高。因此常根据液压泵的类型及要求来选择液压油的粘度，见表 2-2。同时，要考虑工作压力范围、油膜承载能力、润滑性、工作介质与密封材料和涂料是否相容等要求。

表 2-2　按液压泵类型推荐用工作介质的粘度

液压泵类型		工作介质粘度 $v_{40}/$（$mm^2 \cdot s^{-1}$）	
		液压系统温度 5～40℃	液压系统温度 40～80℃
齿轮泵		30～70	65～165
叶片泵	7 MPa 以下	30～50	40～75
	7 MPa 以上	50～70	55～90
径向柱塞泵		30～80	65～240
轴向柱塞泵		40～75	70～150

（2）液压系统的工作环境。主要是环境温度的变化范围、系统的冷却条件，有无明火和高温热源、抗燃性等要求，还要考虑废液再生处理及环保要求。

（3）液压油的性质。如液压油的理化指标和使用性能，各类液压油的特性等。

（4）综合经济分析。选择液压油时要通盘考虑价格和使用寿命对液压元件寿命的影响，当地油品的货源以及维护、更换的难易程度等。高质量的液压油从一次购置的角度来看花费较大，但从使用寿命、元件更换、运行维护、生产效率的提高上讲，总的经济效益是非常合算的。

2.1.3　液压系统的污染控制

液压油的污染是液压系统发生故障的主要原因。它严重影响液压系统的可靠性及液压元件的寿命，因此液压油的正确使用、管理以及污染控制，是提高液压系统的可靠性及延长液压元件使用寿命的重要手段。

1. 污染的根源和危害

对液压油造成污染的物质有：固体污染物、水、空气及有害化学物质，其中最主要的是固体污染物。固体污染物主要指已被污染的新油、残留污染物、外界侵入污染物和内部生成污染物。液压系统的污染控制措施和过滤器设置主要考虑上述因素。

（1）已被污染的新油。虽然液压油和润滑油是在比较清洁的条件下精炼和调合的，但油液在运输和储存过程中会受到管道、油桶和储油罐的污染。其污染物为灰尘、砂土、锈垢、水分和其他液体等。

（2）残留污染物。液压元件在加工装配、系统在组装和冲洗过程中的残留物，如毛刺、切屑、型砂、橡胶、涂料和棉纱纤维等。

（3）外界侵入污染物。液压系统运行过程中，由于油箱密封不完善以及元件密封装置损坏或维护和检修时由系统外部侵入的污染物。如灰尘、砂土、切屑以及空气、水分等。

（4）内部生成污染物。液压系统运行中系统本身所生成的污染物，如元件磨损产物（磨粒）和油液氧化产物。这一类污染物最具有危险性。

固体颗粒和油液氧化变质生成的胶状物堵塞过滤器，使液压泵吸油不畅、运转困难、产生噪声，使泵或阀卡死，或者堵塞阀类元件的小孔或缝隙，使阀类元件动作失灵；微小固体颗粒会加速有相对滑动零件表面的磨损，使液压元件不能正常工作，同时还会划伤密封件，使泄漏量增加；水分和空气的混入会降低液压油的润滑性能，并加速其氧化变质，产生气蚀，使液压元件加速损坏，使液压传动系统出现振动、爬行等现象。

这些故障轻则影响液压系统的性能和使用寿命，重则损坏元件使元件失效，导致液压系统不能工作，危害十分严重。

2. 液压油的污染控制

液压油的污染产生原因复杂，工作介质自身又在不断产生污染物，因此要彻底解决工作介质的污染问题是很困难的。为了延长液压元件的寿命，保证液压系统可靠地工作，将工作介质的污染度控制在某一限度内是较为切实可行的办法。

为了减少工作介质的污染，应采取如下一些措施。

（1）对元件和系统进行清洗。清洗在加工和组装过程中残留的污染物，液压元件在加工的每道工序后都应净化，装配后应经严格的清洗。最后用系统工作时使用的油液对系统进行彻底冲洗，特别是液压伺服系统最好要经过几次清洗来保证清洁，然后将冲洗液放掉，注入新油后，才能正式运转。

（2）防止污染物从外界侵入。油箱通气孔上应装设高效的空气过滤器或采用密封油箱，给油箱加油要用过滤装置，对外露件（活塞杆）应装防尘密封，并经常检查，定期更换。液压传动系统的维修、液压元件的更换和拆卸应在无尘区进行。

（3）滤除系统产生的杂质。在液压系统合适部位设置合适的过滤器，并定期检查、清洗或更换滤芯。

（4）控制液压油的工作温度。液压油的工作温度过高会加速其氧化变质，产生各种生成物，缩短其使用期限。

（5）定期检查和更换液压油。更换新的液压油之前，必须对整个液压系统进行彻底清洗。

2.2　液体静力学

液体静力学是研究液体处于静止状态下的力学规律以及这些规律的应用。这里所说的静止，是指液体内部质点之间没有相对运动，至于液体整体，完全可以像刚体一样作各种运动。

2.2.1　液体的压力

物理学将液体的单位面积上所承受的法向力定义为压强，在液压传动中习惯称为压力（静压力），通常以 p（Pa 或 N/m^2）表示，即

$$p = \frac{F}{A}$$

（2-10）

液体的静压力具有两个重要特性：

（1）液体静压力的方向总是沿着内法线方向作用于承压面；

（2）静止液体内任一质点的静压力在各个方向上都相等，即液体内部的任何质点都是受平衡压力作用的。

2.2.2 液体静力学基本方程

如图 2-3 所示，密度为 ρ 的液体在容器内处于静止状态，为求任意深度 h 处的压力 p，可以假想取出一个底面积为 ΔA、高为 h 的垂直小液柱来研究，小液柱的上顶与液面重合，由于小液柱在重力及周围液体的压力作用下处于平衡状态，可列出该小液柱的力学平衡方程式为

$$p\Delta A = p_0\Delta A + \rho g h\Delta A \tag{2-11}$$

上式简化后得

$$p = p_0 + \rho g h \tag{2-12}$$

式（2-12）即为液体静力学基本方程式。由此式可知：

（1）静止液体内部任一点处的压力 p 都由液面上的压力 p_0 和该点以上液体自重形成的压力 $\rho g h$ 两部分组成。当液面上只受大气压 p_a 作用时，则

$$p = p_a + \rho g h \tag{2-13}$$

（2）静止液体内的压力 p 随液体深度 h 呈线性规律分布。

（3）液体在受外界压力作用的情况下，液体自重所形成的那部分压力 $\rho g h$ 相对非常小，在分析液压系统的压力时常可忽略不计，因而我们可以近似认为整个液体内部的压力是相等的。

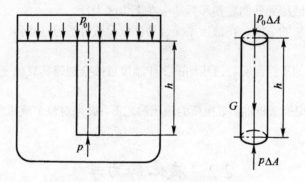

图 2-3　重力作用下的静止液体

2.2.3 压力的表示方法和单位

压力的表示方法有两种，一种是以绝对真空为基准来度量的压力，称为绝对压力；另一种是以大气压力为基准来度量的压力，称为相对压力。在地球的表面上所测得的压力数值就是相对压力，液压技术中的压力一般也是相对压力，相对压力也称表压力。绝对压力与相对压力的关系为

$$绝对压力 ＝ 相对压力 ＋ 大气压力$$

若液体中某点的绝对压力小于大气压力，那么在这个点上的绝对压力比大气压力小的那

部分数值叫做真空度。即

真空度 = 大气压 - 绝对压力

由此可知，当以大气压为基准计算压力时，基准以上的正值是表压力，基准以下的负值就是真空度。绝对压力、相对压力和真空度之间的关系如图 2-4 所示。

压力的法定计量单位是 Pa（帕，N/m^2），由于此单位很小，工程上使用不便，因此常采用 MPa（兆帕），$1MPa=10^6\ Pa$。还有非法定计量单位，如工程大气压为 at（kgf/cm^2）、汞柱高度（mmHg）等，国外也有用 bar（巴）。压力的单位及其他非法定计量单位的换算关系为

1 at=1 kgf/cm^2=9.8×$10^4\ N/m^2$；1 mmHg=1.33×$10^2\ N/m^2$；1 bar=$10^5\ Pa$=$10^5\ N/m^2$。

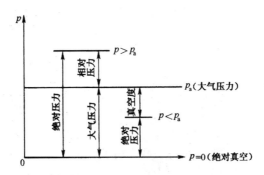

图 2-4　绝对压力、相对压力和真空度

2.2.4　帕斯卡原理

由液体静力学基本方程可知，静止液体中任一点的压力都包含液体在外力作用下所产生的压力 p_0。同理如图 2-5（a）所示，盛放在密闭容器内的液体，当外力 F 变化引起外加压力 p_0 发生变化时，只要液体仍保持其原来的静止状态不变，液体中任一点的压力均发生同样的变化。这就是说在密闭容器内，施加于静止液体的压力可以等值地传递到液体各处，这就是帕斯卡原理或者称为静压传递原理。

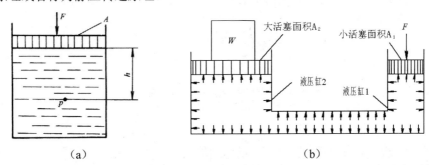

图 2-5　静止液体内压力的传递

通常，由外力产生的压力 p_0 是很大的，而液压系统的安装高度 h 一般不超过 10 m，由液体重力引起的压力非常小，即 $\rho gh \ll p_0$，ρgh 的影响可忽略不计，认为液压系统中静止液体内的压力处处相等，即 $p=p_0=F/A$，若 $F=0$，则 $p=0$；F 越大，则 p 也越大。

图 2-5（b）是帕斯卡原理的应用。在两个相互连通的液压缸内充满油液。在两个液压缸 1 和 2 内分别装有活塞，设小活塞的面积为 A_1，大活塞面积为 A_2，在大活塞上放有重物（负

载）W。如果在小活塞上施加外力 F，密封容腔内的油液便受到挤压作用产生压力 p，作用在活塞上而处于平衡状态。即小活塞缸中产生的油液压力 $p = F/A_1$。

根据帕斯卡原理，这一压力 p 将等值的传递到密封容腔内液体的所有各点，因此也传递到大活塞缸中去，使大活塞产生一个向上的液压推力 F' 克服负载 W 所产生的外力而做功。液压推力为

$$F' = pA_2 = F \cdot \frac{A_2}{A_1} \tag{2-14}$$

由上式可知，液压推力 F' 与 A_2/A_1 成正比，可实现外力 F 的放大，也就是说，在小活塞上施加较小的外力，便可使大活塞产生较大的液压推力。然而大活塞的运动速度 V_2 将比小活塞的运动速度 V_1 小得多，其关系式为

$$V_2 = \frac{A_1}{A_2} \cdot V_1 \tag{2-15}$$

在图 2-5（b）中，若将负载 W 去掉，当不计大活塞的重量和其他阻力时，不论怎样推动小活塞也不能在油液中形成压力。只有当大活塞上有了负载 W，小活塞上才能施加上外力 F，而有了负载和外力，密封容腔中的油液才能受到挤压作用而产生压力。由此可见，在不考虑外力 F 的变化时，液体内部的压力是由外界负载作用所形成的。负载大，压力大；负载小，压力小；外负载为零，压力也为零。压力决定于负载，这是液压传动中的一个重要的基本概念。

2.2.5 液体对固体壁面的作用力

液体和固体壁面相接触时，固体壁面将受到静止液体的静压力的作用。当固体壁面为平面时，作用在该平面上的静压力大小相等，液体压力在该平面上的总作用力 F 等于液体压力 p 与该平面面积 A 的乘积，其作用方向与该平面垂直，即

$$F = pA \tag{2-16}$$

当固体壁面为曲面时，由于作用在曲面上各点的作用线彼此不平行，所以求作用总力时要说明是沿哪一方向。液体压力在该曲面某方向 x 上的总作用力 F_x 等于液体压力 p 与曲面在该方向投影面积 A_x 的乘积，即

$$F_x = pA_x \tag{2-17}$$

2.3 液体动力学

液体动力学的主要内容是研究液体流动时流速和压力之间的变化规律。其中流动液体的连续性方程、伯努利方程、动量方程就是描述流动液体力学规律的三个基本方程。这些内容不仅构成了液体动力学的基础，而且还是液压技术中分析问题和设计计算的理论依据。

2.3.1 基本概念

1. 理想液体、恒定流动

研究液体流动时的运动规律必须考虑液体粘性的影响，当压力发生变化时，液体的体积

会发生变化，但由于这个问题比较复杂，为了分析和计算问题的方便，可以先假设液体为无粘性、不可压缩的理想液体，然后再考虑粘性的影响，根据实验结果，对理想液体的基本方程加以修正，使之比较符合实际情况。我们把假设的无粘性又不可压缩的液体称为理想液体。

液体流动时，若液体中任何一点的压力、速度和密度等参数都不随时间而变化，则这种流动称为恒定流动（定常流动或非时变流动）；反之，只要压力、速度和密度中有一个随时间而变化，液体就是作非恒定流动（非定常流动或时变流动）。一般在研究液压系统静态性能时，认为液体作恒定流动；在研究其动态性能时，必须按非恒定流动来考虑。

2. 通流截面、流量和平均流速

垂直于液体流动方向的截面称为通流截面，也称过流断面，常用 A 表示，单位为 m^2。

流量有质量流量和体积流量。在液压传动中，一般把单位时间内流过某通流截面的液体体积称为流量，常用 q 表示。即

$$q = \frac{V}{t} = Av \ (\mathrm{m}^3/\mathrm{s}) \tag{2-18}$$

在法定计量单位制中流量的单位为 m^3/s（米³/秒），在实际使用中，常用单位为 L/min（升/分）或 mL/s（毫升/秒）。

液体在管道中流动时，由于液体具有粘性，所以液体与管壁间存在摩擦力，液体间存在内摩擦力，这样造成液流流过通流截面上各点的速度不相等，管道中心的液体流速最大，管壁处的流速最小（速度为零）。为了分析和计算问题的方便，可假想液流通过通流截面的流速分布是均匀的，其流速称作平均流速，用 v（m/s）表示。用平均流速计算整个通流截面面积 A 上的流量为

$$v = \frac{q}{A} \tag{2-19}$$

3. 层流和紊流

19 世纪末，雷诺（Reynolds）首先通过实验观察了水在圆管内的流动情况，发现液体当流速变化时，流动状态也变化。在低速流动时，着色液流的线条在注入点下游很长距离都能清楚看到；当流动受到干扰时，在扰动衰减后流动还能保持稳定；当流速大时，由于流动是不规则的，故使着色液体迅速扩散和混合。前一种状态称为层流，在层流时，液体质点互不干扰，液体的流动呈线性或层状，且平行于管道轴线；后一种状态为紊流，在紊流时，液体质点的运动杂乱无章，除了平行于管道轴线的运动外，还存在着剧烈的横向运动。如图 2-6 所示，图 2-6（a）为层流；图 2-6（b）层流状态受到破坏，液流开始紊乱；图 2-6（c）表明液体流动为紊流。

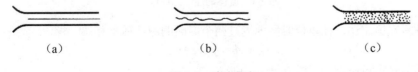

（a）   （b）   （c）

图 2-6 液流状态

层流和紊流是两种不同性质的流动状态。层流时，液体流速较低，质点受到粘性制约，不能随意运动，粘性力起主导作用；但在紊流时，因液体流速较高，粘性的制约作用减弱，

因而惯性力起主导作用。液体流动时究竟是层流还是紊流，须用雷诺数来判别。

4. 雷诺数

实验表明，液体在圆管中的流动状态不仅与管内的平均流速 υ 有关，还和管道水力直径 d ，液体的运动粘度 ν 有关，而以上三个因数所组成的一个无量纲数就是雷诺数，用 Re 表示，即

$$Re = \frac{\upsilon d}{\nu}$$

（2-20）

式中水力直径 d ，可由 $d = 4A/x$ 求得，A 为通流截面面积，x 为湿周长度（指在通流截面处与液体相接触的固体壁面的周长）。

水力直径的大小对通流能力的影响很大，水力直径大，意味着液流和管壁的接触周长短，管壁对液流的阻力小，通流能力大。

实验指出：液体从层流变为紊流时的雷诺数大于由紊流变为层流时的雷诺数，前者称上临界雷诺数，后者称下临界雷诺数。工程中是以下临界雷诺数作为判断液流状态的依据，简称临界雷诺数。当液流实际流动时的雷诺数濒于临界雷诺数时，液流为层流；反之液流则为紊流，常见的液流管道的临界雷诺数可由实验求得，具体数值见表 2-3。

表 2-3　常见管道的临界雷诺数

管道的形状	临界雷诺数	管道的形状	临界雷诺数
光滑的金属圆管	2300	带沉割槽的同心环状缝隙	700
橡胶软管	1600～2000	带沉割槽的偏心环状缝隙	400
光滑的同心环状缝隙	1100	圆柱形滑阀阀口	260
光滑的偏心环状缝隙	1000	锥阀阀口	20～100

2.3.2　液体流动的连续性方程

如图 2-7 所示，液体在管道中作恒定流动，任取 1、2 两个通流截面为研究对象，其面积为 A_1 和 A_2，该截面的平均流速为 v_1 和 v_2，液体密度为 ρ_1 和 ρ_2。

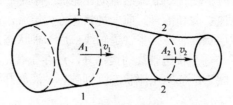

图 2-7　流体的连续性原理

根据质量守恒定律，在单位时间内流过两个截面的液体质量相等，即

$$\rho_1 v_1 A_1 = \rho_2 v_2 A_2$$

（2-21）

假设液体是不可压缩的，即 $\rho_1 = \rho_2$，则

$$v_1 A_1 = v_2 A_2$$

（2-22）

因为两通流截面的选取是任意的，故可写成

$$q = vA = 常数$$

（2-23）

这就是液体的流量连续性方程，是质量守恒定律在流动液体中的另一种表示形式。这个方程表明，液体在管道中流动时，流过各个截面的流量是相等（即流量是连续的），因而流速和通流截面的面积成反比。

2.3.3　液体流动的能量方程——伯努利方程

由于液压传动系统是利用有压力的流动液体来传递能量的，故伯努利方程也称为能量方程，它是能量守恒定律在流动液体中的一种表达形式。为了理论研究的方便，把液体看作理想液体，然后再对实际液体进行修正，得出实际液体的能量方程。

1. 理想液体的伯努利方程

理想液体无粘性，它在管道内作恒定流动时，没有能量损失。根据能量守恒定律，无论液流的能量如何转换，在任何位置上总的能量都是相等的。在液压传动中，流动的液体除具有压力能之外，还具有动能和位能，它们的关系分析如下。

如图 2-8 所示，设管内为理想液体，在不等截面的管路中作恒定流动。任取 1—1 与 2—2 两截面，液位高度分别为 z_1 与 z_2，通流截面上的压力为 p_1 和 p_2，平均流速为 v_1 和 v_2，两面积为 A_1 和 A_2，液体密度为 ρ，那么在单位时间内流过 1—1 截面所具有的压力能为 p_1q，动能为 $\rho g q v_1^2/2g$，位能为 $\rho g q z_1$；在单位时间内流过 2—2 截面所具有的压力能为 p_2q，动能为 $\rho g q v_2^2/2g$，位能为 $\rho g q z_2$。

根据能量守恒定律，液体在 1—1 截面的能量总和等于在 2—2 截面的能量总和，即

$$p_1 q + \rho g q \frac{v_1^2}{2g} + \rho g q z_1 = p_2 q + \rho g q \frac{v_2^2}{2g} + \rho g q z_2$$

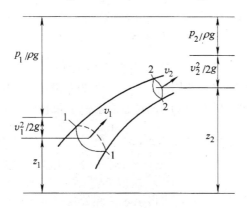

图 2-8　伯努利方程示意图

将上式两边分别除以 q 得

$$p_1 + \rho \frac{v_1^2}{2} + \rho g z_1 = p_2 + \rho \frac{v_2^2}{2} + \rho g z_2 \tag{2-24}$$

或写为

$$\frac{p_1}{\rho g} + \frac{v_1^2}{2g} + z_1 = \frac{p_2}{\rho g} + \frac{v_2^2}{2g} + z_2 = 常数 \tag{2-25}$$

式（2-25）中各项分别表示单位重量液体所具有的的压力能、动能和位能。因此伯努利方程的物理意义是：在密闭的管道内恒定流动的理想液体具有 3 种形式的的能量，即压力能、动能和位能。在液体流动过程中， 3 种形式的能量可以相互转化，但各个通流截面上三种能量之和恒为定值。

2. 实际液体的伯努利方程

实际液体不仅具有粘性，而且是可压缩的，其在管道内流动时会产生内摩擦力，消耗能量。同时管道局部形状和尺寸的突然变化，也会扰动液流，消耗能量。因此，实际液体流动时有能量损失存在，设单位体积液体在两截面间流动的能量损失为 Δp_w。

另一方面，由于实际液体在管道通流截面上的流速分布是不均匀的，在用平均流速代替实际流速计算动能时，必然会产生误差，为了修正这个误差，需引入动能修正系数 α。

因此，实际液体的伯努利方程为

$$p_1 + \frac{1}{2}\rho\alpha_1 v_1^2 + \rho g z_1 = p_2 + \frac{1}{2}\rho\alpha_2 v_2^2 + \rho g z_2 + \Delta p_w \tag{2-26}$$

式中，α_1、α_2——动能修正系数，其值与流速分布有关，流速分布越不均匀，α 值越大，流速分布较均匀时 α 接近于 1（层流时取 $\alpha\approx2$，紊流时 $\alpha\approx1$）。

伯努利方程揭示了液体流动过程中的变化规律，它是流体力学中一个特别重要的基本方程。伯努利方程不仅是进行液压系统分析的理论基础，而且还可以用来对多种液体问题进行研究和计算。在应用伯努利方程时必须注意：

（1）通流截面 1、2 需要在顺流方向选取（否则 Δp_w 为负值），且应选在缓变的通流截面上；

（2）通流截面中心在基准面以上时，z 取正值，反之为负值，通常选其中较低的通流截面的中心作为基准面。

3. 伯努利方程应用举例

例：计算液压泵吸油腔处的真空度和允许的最大吸油高度。

如图 2-9 所示，选取油箱液面为断面 I—I，并为基准面，泵吸油腔处为断面 II—II。设液压泵吸油腔距离油箱液面的高度为 h，对断面 I—I 和 II—II 列伯努利方程如下：

$$p_1 + \frac{1}{2}\rho\alpha_1 v_1^2 + \rho g z_1 = p_2 + \frac{1}{2}\rho\alpha_2 v_2^2 + \rho g z_2 + \Delta p_w$$

式中 p_1 为油箱液面压力，故 $p_1=p_a$；$z_2-z_1=h$；v_2 为液压泵吸油腔处的流速，一般取吸油管流速。v_1 为油箱液面流速，显然 $v_1 \ll v_2$ 所以 v_1 忽略不计；p_2 为泵吸油腔处的绝对压力；Δp_w 为压力损失。代入上式经简化后，可得泵吸油腔处真空度 p_a-p_2 为

$$p_a - p_2 = \frac{1}{2}\rho\alpha_2 v_2^2 + \rho g h + \Delta p_w$$

所以泵的吸油腔处真空度由 3 部分组成：（1）产生一定流速 v_2 的压力；（2）由液体升高度 h 的压力（即吸油口处距液面的高度）；（3）吸油管内的压力损失 Δp_w。

液压泵吸油就是作用在油箱面上的大气压力 p_a 将油液压入泵内的过程。但液压泵在工作是吸油腔处真空度又不能太大，即泵吸油腔处绝对压力不能太低，否则当 p_2 小于油液的空气分离压 p_g 将会产生气穴现象，引起噪声振动。所以为使真空度不致过大，需要限制泵的安装需要高度 h。允许的最大吸油高度 h_{max}，用空气分离压 p_g 来代替上式的 p_2，即得

$$h_{\max} \leq \frac{p_a - p_g}{\rho g} - \frac{\alpha v_2^2}{2g} - \frac{\Delta p_W}{\rho g}$$

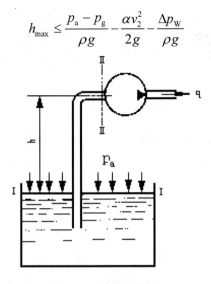

图 2-9　液压泵装置

其中空气分离压一般为（0.02～0.03）MPa。在实际使用中，泵的吸油高度 h 值一般应小于 0.5 m。有时为使吸油条件得以改善，可将泵安装在油箱液面以下，或用在油箱液面加压的充压油箱上。

2.4　液体流动时的压力损失

实际液体具有粘性，流动时会有阻力产生。为了克服阻力，液体需要消耗一部分能量，这种能量损失就是实际液体伯努利方程中的 Δp_W，通常被称为压力损失。

在液压系统中，压力损失使系统功率损耗增加，并且由于液压能转化为热能，将导致系统的温度升高，泄漏量增加，效率下降和液压系统性能变坏。因此，在设计液压系统时，要尽量减少压力损失。压力损失可分为两类：沿程压力损失和局部压力损失。

2.4.1　沿程压力损失

液体在等径直管中流动时因粘性摩擦而产生的压力损失，称为沿程压力损失。液体的流动状态不同，所产生的沿程压力损失也有所不同。

1. 层流时的沿程压力损失

图 2-10 所示为液体在等径水平直管中作层流运动。层流时液体质点作有规律的流动，因此可以用数学工具全面探讨其流动状况，并最后导出沿程压力损失的计算公式，即

$$\Delta p_\lambda = \lambda \frac{l}{d} \frac{\rho v^2}{2} \tag{2-27}$$

式中　λ——沿程阻力系数。

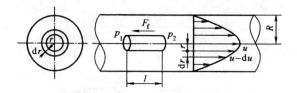

图 2-10　圆管层流运动

液体在层流时，沿程阻力系数的理伦值 $\lambda = 64/Re$（Re 即雷诺数）。考虑到实际流动时存在截面不圆、温度变化等因素，在实际计算时，对液体在金属管道中流动取 $\lambda = 75/Re$，在橡胶管中流动取 $\lambda = 80/Re$。

2. 紊流时的沿程压力损失

紊流时计算沿程压力损失的公式在形式上与层流时相同，即公式（2-27），但式中的阻力系数 λ 除与雷诺数 Re 有关外，还与管壁的表面粗糙度有关，即 $\lambda = f(Re, \Delta/d)$，这里的 Δ 为管壁的绝对表面粗糙度，它与管径 d 的比值 Δ/d 称为相对表面粗糙度。对于光滑管，当 $2.23 \times 10^3 \leqslant Re \leqslant 10^5$ 时，$\lambda = 0.1364 Re^{-0.25}$；对于粗糙管，$\lambda$ 的值可利用经验公式计算，也可根据不同的 Re 和 Δ/d 从有关液压传动设计手册中查出。

2.4.2　局部压力损失

局部压力损失是液体流经阀口、弯头、接头、通流截面变化以及滤网等局部阻力处所引起的压力损失。当液体流过上述局部装置时，由于液流方向和流速均发生变化，在这些地方形成旋涡，使液体的质点间相互撞击，从而产生了能量损耗。这种流动状况极为复杂，影响因素较多，局部压力损失值不易从理论上进行分析计算，因此局部压力损失的阻力系数，一般要依靠实验来确定。局部压力损失 Δp_ξ 的计算公式为

$$\Delta p_\xi = \xi \frac{\rho v^2}{2} \tag{2-28}$$

式中　ξ ——局部阻力系数。各种局部装置结构的 ξ 值可查阅有关液压传动设计手册。

液体流过各种阀类的局部压力损失亦满足式（2-28），但因阀内的通道结构较为复杂，按此公式计算比较困难，故阀类元件局部压力损失 Δp_V 的实际计算常采用的公式为

$$\Delta p_V = \Delta p_N \left(\frac{q_V}{q_{VN}} \right)^2 \tag{2-29}$$

式中　q_{VN}——阀的额定流量；

　　　Δp_N——阀在额定流量 q_{VN} 下的压力损失（可从阀的产品样本或设计手册中查出）；

　　　q_N——通过阀的实际流量。

2.4.3　管路系统的总压力损失

整个管路系统总压力损失应为所有沿程压力损失和所有局部压力损失之和，即

$$\sum \Delta p = \sum \Delta p_\lambda + \sum \Delta p_\xi + \sum \Delta p_V = \sum \lambda \frac{l}{d} \frac{\rho v^2}{2} + \sum \xi \frac{\rho v^2}{2} + \sum \Delta p_N \left(\frac{q_V}{q_{VN}} \right)^2 \tag{2-30}$$

在液压系统中，绝大部分压力损失将转变为热能，造成系统温升增高，泄漏增加，以致影响系统的工作性能。从压力损失计算公式可以看出，油液在管道中流动的速度对压力损失的影响最大，故液体在管路系统中的流速不能太高；油液的粘度适当，缩短管路的长度，减少管路截面的突变，提高管路内壁的加工质量等，都可使压力损失减小。

2.5　孔口和缝隙流量

流体经孔口或缝隙流动的问题在液压传动中会经常遇到。本节主要介绍液体流经孔口和缝隙的流量公式，前者是节流调速和液压伺服系统的工作原理的基础，后者则是计算和分析液压元件和系统泄漏的根据。

2.5.1　小孔流量

在液压系统的管路中，装有断面突然收缩的装置（如节流阀）。突然收缩的流动叫节流，一般均采用各种形式的孔口实现节流。节流孔分为薄壁小孔和细长小孔，当小孔的通流长度 l 与孔径 d 之比 $l/d \leqslant 0.5$ 时，称为薄壁小孔；当小孔的长径比 $l/d > 4$ 时，称为细长孔；当 $0.5 < l/d \leqslant 4$ 时，称为短孔。流经小孔的流量可用下式表示：

$$q = KA_{\mathrm{T}}\Delta p^m \qquad (2\text{-}31)$$

式中　A_{T}、Δp——分别为小孔截面面积（m^2）和小孔两端压力差（$\mathrm{N/m}^2$）。

　　　　m——由孔的长径比决定的指数，薄壁小孔 $m = 0.5$；细长孔 $m = 1$。

　　　　K——由孔的形状、尺寸和液体性质决定的系数。当孔口为薄壁孔和短孔时，$K = C_{\mathrm{q}}\sqrt{2/\rho}$（$C_{\mathrm{q}}$ 为流量系数）；当孔口为细长孔时，$K = d^2/32\mu l$。

小孔流量通用公式常作为分析小孔的流量压力特性之用。

2.5.2　缝隙流量

液压系统的各零件之间，特别是有相对运动的各零件之间，通常需要有一定的配合间隙（缝隙），油液流过缝隙就会产生泄漏现象，这就是缝隙流量。

泄漏有两种情况：一种是由缝隙两端的压力差造成的流动称为压差流动；另一种是形成缝隙的两壁面作相对运动造成的流动，称为剪切流动。泄漏的存在将严重影响液压元件，特别是液压泵和液压马达的正常工作，另一方面泄漏也将使系统的效率较低，功率损耗增大，系统发热增加。因此我们要研究液体流经间隙的泄漏规律。

图 2-11 所示为同心圆环缝隙的流动，液压元件中的液压缸缸体与活塞之间的间隙、阀体与滑阀阀芯之间的间隙均为同心环形缝隙的流动。该圆柱体的直径为 d，缝隙厚度为 δ，缝隙长度为 l，缝隙两端压差为 Δp，则内外圆表面之间有相对运动的同心圆环缝隙流量公式为

$$q = \frac{\pi d\delta^3}{12\mu l}\Delta p \pm \frac{\pi d\delta}{2}v \qquad (2\text{-}32)$$

式中　μ——液压油动力粘度（$\mathrm{Pa \cdot s}$）。

式中的正负号视压差引起的泄漏量和由运动引起的泄漏方向而定，两者相同时取正直，反之取负值。

若圆环的内外圆不同心，偏心距为 e，则形成偏心圆环缝隙。其流量公式为

$$q = \frac{\pi d \delta^3 \Delta p}{12 \mu l}\left(1+1.5\varepsilon^2\right) \pm \frac{\pi d \delta}{2}v \qquad (2\text{-}33)$$

式中　δ——内外圆同心时的缝隙厚度；

　　　ε——相对偏心率，即两圆偏心距 e 和同心圆环缝隙厚度 δ 的比值，$\varepsilon = e/\delta$。

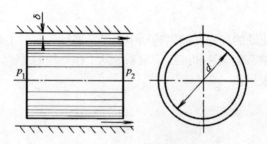

图 2-11　同心圆环缝隙的液流

由式（2-33）可以看到，当 $\varepsilon = 0$ 时，即为同心圆环缝隙的流量公式；当 $\varepsilon = 1$ 时，即在最大偏心情况下，其压差流量为同心圆环缝隙压差流量的 2.5 倍。

2.6　液压冲击和气穴现象

在液压传动中，液压冲击和气穴现象都会给液压系统的正常工作带来不利的影响，因此需要了解这些现象产生的原因，并采取相应的措施以减小其危害。

2.6.1　液压冲击

在液压系统中，因某种原因引起液体压力在一瞬间突然升高，产生很高的压力峰值，这种现象称为液压冲击。

1. 液压冲击产生的原因及危害

产生液压冲击的原因主要有以下几个方面。

（1）液压冲击多发生在液流突然停止运动的时候。液流通路（如阀门）迅速关闭使液体的流动速度突然降为零，这时液体受到挤压，使液体的动能转变为液体的压力能，于是液体的压力急剧升高，从而引起液压冲击。

（2）在液压系统中，高速运动的工作部件突然制动或换向时，因工作部件的惯性也会引起液压冲击。如液压缸作高速运动突然被制动，油液被封闭在两腔中，由于惯性力的作用，液压缸仍继续向前运动，因而压缩回油腔的液体，油液受到挤压，瞬时压力急剧升高，从而引起液压冲击。

（3）由于液压系统中某些元件反应动作不够灵敏，也会引起液压冲击。如溢流阀在超压

下不能迅速打开，形成压力的超调量；限压式变量液压泵在油温升高时不能及时减少输油量等，都会引起液压冲击。

液压冲击时产生的压力峰值往往比正常工作压力高好几倍，这种瞬间压力冲击不仅引起震动和噪声，使液压系统产生温升，有时会损坏密封装置、管路和液压元件，并使某些液压元件（如顺序阀、压力继电器等）产生错误动作，造成设备损坏。

2. 减少液压冲击的措施

（1）延长阀门开、闭和运动部件制动换向的时间，可采用换向时间可调的换向阀。
（2）限制管路流速及运动部件的速度，一般将管路流速控制在 4.5m/s 以内。
（3）正确设计阀门或设置缓冲装置（如阻尼孔），使运动部件制动时速度变化比较均匀。
（4）适当增大管径，不仅可以降低流速，而且可以减小压力传播速度。
（5）尽量缩短管道长度，可以减小压力波的传播时间。
（6）在容易发生液压冲击的地方采用橡胶软管或设置蓄能器，以吸收冲击的能量；也可以在容易出现液压冲击的地方，安装限制压力升高的安全阀。

2.6.2　气穴现象

1. 气穴现象的机理及危害

在液压系统中，如果某点处的压力低于液压油的空气分离压力时，原先溶解在液体中的空气就会分离出来，使液体中出现大量气泡，这种现象称为气穴现象，又称为空穴现象。如果液体的压力进一步降低到液体的饱和蒸气压时，液体将迅速汽化，产生大量蒸气气泡，使气穴现象更加严重。

气穴现象多发生在阀口和液压泵的吸油口处。在阀口处，一般由于通流截面较小使液流的速度增大，根据伯努利方程，该处的压力会大大降低，以致产生气穴。在液压泵的吸油过程中，吸油口绝对压力会低于大气压力，如果泵的安装高度过大，吸油口处过滤器的阻力和管路阻力太大，油液粘度过高或泵的转速过高，造成泵入口处的真空度过大，亦会产生气穴。

当液压系统中出现气穴现象时，大量的气泡破坏了液流的连续性，造成流量和压力的脉动，当带有气泡的液流进入高压区时，周围的高压会使气泡迅速破灭，使局部产生非常高的温度和冲击压力，引起振动和噪声。当附着在金属表面上的气泡破灭时，局部产生的高温和高压会使金属表面疲劳，时间长了就会造成金属表面的剥蚀。这种由于气穴造成的对金属表面的腐蚀作用称为气蚀。气蚀会使液压元件的工作性能变坏，并大大缩短液压元件的使用寿命。

2. 减少气穴现象的措施

在液压系统中，只要液体压力低于空气分离压力，就会产生气穴现象。如想完全消除是十分困难的。为减少气穴和气蚀的危害，通常采取下列措施。
（1）减小阀孔或其他元件通道前后的压力降。
（2）保持液压系统中的油压高于空气分离压力。如尽量降低液压泵的吸油高度，采用内径较大的吸油管并少用弯头，吸油管的过滤器容量要大以减小管路阻力，液压泵转速不能过高以防吸油不充分，必要时对大流量泵采用辅助泵供油。

（3）降低液体中气体的含量。如各元件的连接处要密封可靠，以防止空气进入。

（4）对容易产生气蚀的元件，如泵的配油盘等，采用抗腐蚀能力强的金属材料，增强元件的机械强度，减小表面粗糙度值，以提高液压元件的抗气蚀能力。

2.7　思考题

1. 什么是液体的粘性？可以采用哪些方法来表示液体的粘性？说明粘度的单位。

2. 液压油有哪些主要品种？液压油的牌号和粘度有什么关系？如何选用液压油？

3. 液压系统中的油液污染有何危害？如何控制液压油的污染？

4. 什么叫压力？压力有哪几种表示方法？液压系统的压力与外界负载有什么关系？

5. 伯努利方程的物理意义是什么？该方程的理论式和实际式有什么区别？

6. 液压系统中为什么会有压力损失？压力损失有哪几种？其值与哪些因素有关？

7. 何谓液压冲击？可采取哪些措施来减小液压冲击？

8. 液压冲击和气穴现象是怎样产生的？有何危害？如何防止？

9. 如图 2-12 所示的液压千斤顶中，F 是手压手柄的力，假设 $F = 300\,\text{N}$，两活塞直径分别为 $D = 20\,\text{mm}$，$d = 10\,\text{mm}$，试求：

（1）作用在小活塞上的力 F_1；

（2）系统中的压力 p；

（3）大活塞能顶起重物的重量 G；

（4）大、小活塞的运动速度之比 v_1/v_2。

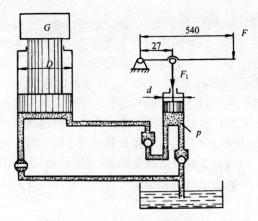

图 2-12　液压千斤顶

第3章　液压动力元件

在液压传动系统中，液压动力元件的作用是将电动机（或其他原动机）输出的机械能转化为液体的压力能，从而为系统提供动力。液压泵是液压系统的主要动力元件，工程上常用的液压泵有齿轮泵、叶片泵和柱塞泵三种。齿轮泵包括外啮合齿轮泵和内啮合齿轮泵；叶片泵包括双作用叶片泵和单作用叶片泵；柱塞泵包括轴向柱塞泵和径向柱塞泵。液压泵的结构种类较多，但它们的基本工作原理和工作条件是相同的。

3.1　液压泵概述

3.1.1　液压泵的工作原理及种类

1. 液压泵的工作原理

液压泵是一种能量转换装置，把电动机的旋转机械能转换为液压能输出。液压泵都是依靠密封容积变化的原理来进行工作的，故一般称为容积式液压泵，图 3-1 所示的是单柱塞液压泵的工作原理。

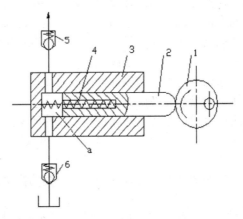

图 3-1　容积式液压泵的工作原理图
1—偏心轮　2—柱塞　3—缸体　4—弹簧　5、6—单向阀

图中柱塞 2 装在缸体 3 中形成一个密封容积 a，柱塞在弹簧 4 的作用下始终压紧在偏心轮 1 上。原动机驱动偏心轮 1 旋转使柱塞 2 作往复运动，使密封容积 a 的大小发生周期性的交替变化。当 a 由小变大时就形成部分真空，使油箱中油液在大气压作用下，经吸油管顶开单向阀 6 进入油腔 a 而实现吸油；反之，当 a 由大变小时，a 腔中吸满的油液将顶开单向阀 5 流入系统而实现压油。这样液压泵就将原动机输入的机械能转换成液体的压力能，原动机驱

动偏心轮不断旋转，液压泵就不断地吸油和压油。由此可见，容积式液压泵正常工作的必要条件是：

（1）必须有密闭而且可以变化的容积，以便完成吸油和排油过程。这是吸压油根本原因。

（2）必须有配流装置，使密闭容积交替实现吸压油。

（3）油箱必与大气相通，保证液压泵正常吸油。如果要采用与外界相隔离的封闭式油箱，必须采用充压油箱。

2. 液压泵的常用种类和图形符号

液压泵的种类很多，按其结构形式的不同，可分为齿轮式、叶片式、柱塞式和螺杆式等类型；按泵的排量能否改变，可分为定量泵和变量泵，按泵的输出油液方向能否改变，可分为单向泵和双向泵。液压泵的图形符号见表 3-1。

表 3-1　液压泵的图形符号

名称	液压泵	单向定量液压泵	双向定量液压泵	单向变量液压泵	双向变量液压泵
符号					

3.1.2　液压泵的主要性能参数

1. 压力

（1）工作压力 p_p：液压泵实际工作时的输出压力称为工作压力。工作压力取决于外负载的大小，并随外负载变化而变化，此外排油管路上的压力损失也会对工作压力有影响。

（2）额定压力 p_n：液压泵在正常工作条件下，按实验标准规定连续运转的最高压力称为液压泵的额定压力。是由密封能力与结构强度决定的。

（3）最高允许压力：在超过额定压力的条件下，根据实验标准规定，允许液压泵短暂运行的最高压力值，称为液压泵的最高允许压力。

（4）自吸：借助大气压自行吸取工作液体而正常工作的现象。

2. 排量和流量

（1）排量 V_p：液压泵每转一周所输出液体体积叫液压泵的排量，其值由密封容积几何尺寸变化量决定。

（2）理论流量 q_t：是指在不考虑液压泵泄漏的条件下，在单位时间内所排出的液体体积。显然，如果液压泵的排量为 V_p，其主轴转速为 n，则该液压泵的理论流量 q_t 为：

$$q_t = V_p n \tag{3-1}$$

式中　V——液压泵的排量（m^3/s）；

　　　　n——为主轴转速（r/s）。

（3）实际流量 q：液压泵在某一具体工况下，单位时间内所排出的液体体积称为实际流量，它等于理论流量 q_t 减去泄漏和压缩损失后的流量 q_l，即：

$$q = q_t - q_l \tag{3-2}$$

（4）额定流量 q_n：液压泵在正常工作条件下，按实验标准规定（如在额定压力和额定转速下）必须保证的流量。

3. 功率

液压泵的输入功率为机械功率，以泵轴上的转矩 T 和角速度 ω 的乘积来表示；液压泵的输出功率为液压功率，以压力 p 和流量 q 的乘积来表示。

（1）输入功率 P_i

液压泵的输入功率是马达的输出功率，亦即实际驱动泵轴所需的机械功率

$$p_i = T = 2\pi n T \tag{3-3}$$

（2）输出功率 P_o

液压泵的输出功率用其实际流量 q 和出口压力 p 的乘积表示

$$P_o = pq \tag{3-4}$$

式中　q——液压泵的实际流量（m^3/s）

　　　　p——液压泵的出口压力（P_a）

（3）理论功率 P_t

如果液压泵在能量转换过程中没有能量损失，则输入功率与输出功率相等，即为理论功率，用 P_t 表示

$$P_t = pq_t = 2\pi n T_t \tag{3-5}$$

式中　T_t——液压泵的理论转矩。

4. 液压泵的效率

实际上，液压泵在能量转换过程中是有损失的，因此输出功率小于输入功率，两者之差即为功率损失。液压泵的功率损失有机械损失和容积损失，因摩擦而产生的损失是机械损失，因泄漏而产生的损失是容积损失。功率损失用效率来描述：

（1）容积效率 η_v

在转速一定的条件下，液压泵的实际流量与理论流量之比定义为泵的容积效率

$$\eta_v = \frac{q}{q_t} = \frac{q_t - q_l}{q_t} = 1 - \frac{q_l}{q_t} \tag{3-6}$$

式中　q_l——液压泵的泄漏量。

（2）机械效率 η_m

机械损失是指因摩擦而造成的转矩上的损失。对液压泵来说，泵的驱动转矩总是大于其理论上需要的驱动转矩，设转矩损失为 T_f，理论转矩为 T_t，则泵实际输入转矩为：$T = T_t + T_f$，用机械效率 η_m 来表征泵的机械损失，则：

$$\eta_m = \frac{T_t}{T} = \frac{T_t}{T_t - T_f} = \frac{1}{1 + \dfrac{T_f}{T_t}} \tag{3-7}$$

（3）总效率 η

液压泵的总效率 η 是其输出功率和输入功率之比，由式（3-6）、式（3-7）可得：

$$\eta = \eta_v \eta_m \tag{3-8}$$

3.2　齿　轮　泵

　　齿轮泵是液压系统中广泛采用的一种液压泵，它一般做成定量泵，按结构不同，齿轮泵分为外啮合齿轮泵和内啮合齿轮泵，而以外啮合齿轮泵应用最广。下面以外啮合齿轮泵为例来剖析齿轮泵。

3.2.1　齿轮泵的工作原理

　　齿轮泵的工作原理如图 3-2 所示，泵体内相互啮合的主、从动齿轮 2 和 3 与两端盖及泵体一起构成密封工作容积，齿轮的啮合点将左、右两腔隔开，形成了吸、压油腔，当齿轮按图示方向旋转时，右侧吸油腔内的轮齿脱离啮合，密封工作腔容积不断增大，形成部分真空，油液在大气压力作用下从油箱经吸油管进入吸油腔，并被旋转的轮齿带入左侧的压油腔。左侧压油腔内的轮齿不断进入啮合，使密封工作腔容积减小，油液受到挤压被排往系统，这就是齿轮泵的吸油和压油过程。在齿轮泵的啮合过程中，相互啮合的轮齿、端盖及泵体（壳体）（啮合点沿啮合线），把吸油区和压油区分开。

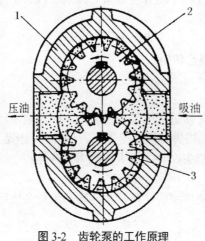

压油　　　　　　　　　　　　　　吸油

图 3-2　齿轮泵的工作原理
1—泵体　2—主动齿轮　3—从动齿轮

3.2.2　齿轮泵的结构

　　CB—B 齿轮泵的结构如图 3-3 所示，当泵的主动齿轮按图示箭头方向旋转时，齿轮泵右侧（吸油腔）齿轮脱开啮合，齿轮的轮齿退出齿间，使密封容积增大，形成局部真空，油箱中的油液在外界大气压的作用下，经吸油管路、吸油腔进入齿间。随着齿轮的旋转，吸入齿间的油液被带到另一侧，进入压油腔。这时轮齿进入啮合，使密封容积逐渐减小，齿轮间部分的油液被挤出，形成了齿轮泵的压油过程。齿轮啮合时齿向接触线把吸油腔和压油腔分开，起配油作用。当齿轮泵的主动齿轮由电动机带动不断旋转时，轮齿脱开啮合的一侧，由于密封容积变大则不断从油箱中吸油，轮齿进入啮合的一侧，由于密封容积减小则不断地排油，这就是齿轮泵的工作原理。泵的前后盖和泵体由两个定位销 17 定位，用 6 只螺钉固紧如图 3-3 所示。为了保证齿轮能灵活地转动，同时又要保证泄露最小，在齿轮端面和泵盖之间应有适当间隙（轴向间隙），对小流量泵轴向间隙为 0.025~0.04 mm，大流量泵为 0.04~0.06 mm。齿顶和泵体内表面间的间隙（径向间隙），由于密封带长，同时齿顶线速度形成的剪切流动又和油液泄露方向相反，故对泄露的影响较小，这里要考虑的问题是：当齿轮受到不平衡的径向力后，应避免齿顶和泵体内壁相碰，所以径向间隙就可稍大，一般取 0.13~0.16 mm。

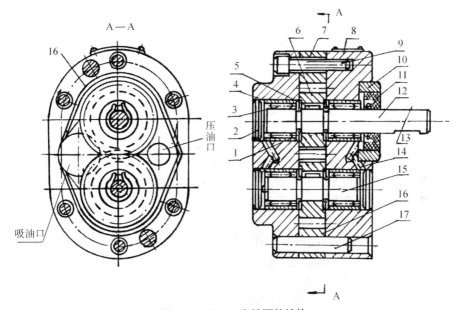

图 3-3 CB—B 齿轮泵的结构

1—轴承外环 2—堵头 3—滚子 4—后泵盖 5—键 6—齿轮 7—泵体 8—前泵盖 9—螺钉；
10—压环 11—密封环 12—主动轴 13—键 14—卸油孔 15—从动轴 16—泻油槽 17—定位销

为了防止压力油从泵体和泵盖间泄露到泵外，并减小压紧螺钉的拉力，在泵体两侧的端面上开有油封卸荷槽 16，使渗入泵体和泵盖间的压力油引入吸油腔。在泵盖和从动轴上的小孔，其作用将泄露到轴承端部的压力油也引到泵的吸油腔去，防止油液外溢，同时也润滑了滚针轴承。

3.2.3 外啮合齿轮泵在结构上存在的问题

1. 齿轮泵的困油问题

齿轮泵要能连续地供油，就要求齿轮啮合的重叠系数 ε 大于 1，也就是当一对齿轮尚未脱开啮合时，另一对齿轮已进入啮合，这样，就出现同时有两对齿轮啮合的瞬间，在两对齿轮的齿向啮合线之间形成了一个封闭容积，一部分油液也就被困在这一封闭容积中，见图 3-4（a），齿轮连续旋转时，这一封闭容积便逐渐减小，到两啮合点处与节点两侧的对称位置时，见图 3-4（b），封闭容积为最小，齿轮再继续转动时，封闭容积又逐渐增大，直到图 3-4（c）所示位置时，容积变为最大。在封闭容积减小时，被困油液受到挤压，压力急剧上升，使轴承上突然受到很大的冲击载荷，使泵剧烈振动，这时高压油从一切可能泄漏的缝隙中挤出，造成功率损失，使油液发热等。当封闭容积增大时，由于没有油液补充，因此形成局部真空，使原来溶解于油液中的空气分离出来，形成了气泡，油液中产生气泡后，会引起噪声、气蚀等一系列恶果。以上情况就是齿轮泵的困油现象。这种困油现象极为严重地影响着泵的工作平稳性和使用寿命。

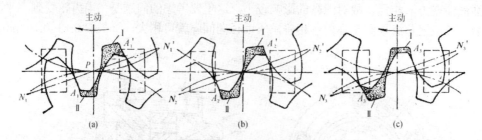

图 3-4　齿轮泵的困油现象

　　为了消除困油现象，在 CB—B 型齿轮泵的泵盖上铣出两个困油卸荷凹槽，其几何关系如图 3-5 所示。卸荷槽的位置应该使困油腔由大变小时，能通过卸荷槽与压油腔相通，而当困油腔由小变大时，能通过另一卸荷槽与吸油腔相通。两卸荷槽之间的距离为 a，必须保证在任何时候都不能使压油腔和吸油腔互通。

　　按上述对称开的卸荷槽，当困油封闭腔由大变至最小时，如图 3-5 所示，由于油液不易从即将关闭的缝隙中挤出，故封闭油压仍将高于压油腔压力，齿轮继续转动，当封闭腔和吸油腔相通的瞬间，高压油又突然和吸油腔的低压油相接触，会引起冲击和噪声。于是 CB—B型齿轮泵将卸荷槽的位置整个向吸油腔侧平移了一个距离。这时封闭腔只有在由小变至最大时才和压油腔断开，油压没有突变，封闭腔和吸油腔接通时，封闭腔不会出现真空也没有压力冲击，这样改进后，使齿轮泵的振动和噪声得到了进一步改善。

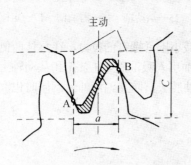

图 3-5　齿轮泵的困油卸荷槽图　　　　　　图 3-6　齿轮泵的径向不平衡力

　　2. 径向不平衡力

　　齿轮泵工作时，在齿轮和轴承上承受径向液压力的作用。如图 3-6 所示，泵的右侧为吸油腔，左侧为压油腔。在压油腔内有液压力作用于齿轮上，沿着齿顶的泄漏油，具有大小不等的压力，就是齿轮和轴承受到的径向不平衡力。液压力越高，这个不平衡力就越大，其结果不仅加速了轴承的磨损，降低了轴承的寿命，甚至使轴变形，造成齿顶和泵体内壁的摩擦等。为了解决径向力不平衡问题，在有些齿轮泵上，采用开压力平衡槽的办法来消除径向不平衡力，但这将使泄漏增大，容积效率降低等。CB—B型齿轮泵则采用缩小压油腔，以减少液压力对齿顶部分的作用面积来减小径向不平衡力，所以泵的压油口孔径比吸油口孔径要小。

3. 齿轮泵的泄漏通道及端面间隙的自动补偿

在液压泵中，运动件间的密封是靠微小间隙密封的，这些微小间隙从运动学上形成摩擦副，同时，高压腔的油液通过间隙向低压腔的泄漏是不可避免的；齿轮泵压油腔的压力油可通过三条途径泄漏到吸油腔去：一是通过齿轮啮合线处的间隙——齿侧间隙，二是通过泵体定子环内孔和齿顶间的径向间隙——齿顶间隙，三是通过齿轮两端面和侧板间的间隙——端面间隙。在这三类间隙中，端面间隙的泄漏量最大，一般占总泄漏量的 75%～80%，压力越高，由间隙泄漏的液压油就愈多。因此，为了提高齿轮泵的压力和容积效率，实现齿轮泵的高压化，需要从结构上来采取措施，对端面间隙进行自动补偿。

通常采用的自动补偿端面间隙装置有：浮动轴套式和弹性侧板式两种，其原理都是引入压力油使轴套或侧板紧贴在齿轮端面上，压力愈高，间隙愈小，可自动补偿端面磨损和减小间隙。齿轮泵的浮动轴套是浮动安装的，轴套外侧的空腔与泵的压油腔相通，当泵工作时，浮动轴套受油压的作用而压向齿轮端面，将齿轮两侧面压紧，从而补偿了端面间隙。

3.2.4　齿轮泵的特点及应用

齿轮泵的主要优点是结构简单紧凑，体积小，重量轻，工艺性好，价格便宜，自吸能力强，对油液污染不敏感，转速范围大，维护方便，工作可靠。它的缺点是径向不平衡力大，泄漏大，流量脉动大，噪声较高，不能做变量泵使用。

低压齿轮泵已广泛应用在低压（2.5MPa 以下）的液压系统中，如机床以及各种补油、润滑和冷却装置等，齿轮泵在结构上采取一定措施后，可以达到较高的工作压力。中压齿轮泵主要用于机床、轧钢设备的液压系统。中高压和高压齿轮泵主要用于农林机械、工程机械、船舶机械和航空技术中。

3.3　叶　片　泵

叶片泵的结构较齿轮泵复杂，但其工作压力较高，且流量脉动小，工作平稳，噪声较小，寿命较长，所以被广泛应用于专业机床、自动线等中低压液压系统中。叶片泵分单作用叶片泵（变量泵，最大工作压力为 7.0 MPa）和双作用叶片泵（定量泵，最大工作压力为 7.0 MPa）。

3.3.1　双作用叶片泵

1. 双作用叶片泵的工作原理

双作用叶片泵的工作原理如图 3-7 所示，它是由定子 1、转子 2、叶片 3 和配油盘（图中未画出）等组成。转子和定子中心重合，定子内表面近似为椭圆柱形，该椭圆形由两段长半径圆弧、两段短半径圆弧和四段过渡曲线所组成。当转子转动时，叶片在离心力和（建压后）根部压力油的作用下，在转子槽内向外移动而压向定子内表面，由叶片、定子的内表面、转子的外表面和两侧配油盘间就形成若干个密封空间，当转子按图示方向顺时针旋转时，处在小圆弧上的密封空间经过渡曲线而运动到大圆弧的过程中，叶片外伸，密封空间的容积增大，要吸入油液；再从大圆弧经过渡曲线运动到小圆弧的过程中，叶片被定于内壁逐渐压过槽内，密封空间容积变小，将油液从压油口压出。因而，转子每转一周，每个工作空间要完成两次吸油和压油，称之为双作用叶片泵。这种叶片泵由于有两个吸油腔和两个压油腔，并且各自的中心夹角是对称的，作用在转子上的油液压力相互平衡。因此双作用叶片泵又称为卸荷式叶片泵，为了要使径向力完全平衡，密封空间数（即叶片数）应当是双数。

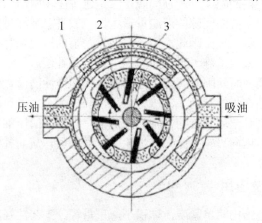

图 3-7　双作用式叶片泵的工作原理

1—定子　2—转子　3—叶片

2. 双作用叶片泵的结构特点

（1）定子过渡曲线

定子内表面的曲线由四段圆弧和四段过渡曲线组成。四段圆弧形成了封油区，把吸油区与压油区隔开，起封油作用：即处在封油区的密封工作腔，在转子旋转的一瞬间，其容积既不增大也不缩小，亦即此瞬时既不吸油、也不和吸油腔相通，也不压油、不和压油腔相通。把腔内油液暂时"封存"起来。四段过渡曲线形成了吸油区和压油区，完成吸油和压油任务。为使吸油、压油顺利进行，使泵正常工作，对过渡曲线的要求是：能保证叶片贴紧在定子内表面上，以形成可靠的密封工作腔；能使叶片在槽内径向运动时的速度、加速度变化均匀，以减少流量的脉动；当叶片沿着槽向外运动时，叶片对定子内表面的冲击应尽量小，以减少定子曲面的磨损。泵的动力学特性很大程度上受过渡曲线的影响。理想的过渡曲线不仅应使叶片在槽中滑动时的径向速度变化均匀，而且应使叶片转到过渡曲线和圆弧段交接点处的加速度突变不大，以减小冲击和噪声，同时，还应使泵的瞬时流量的脉动最小。

过渡曲线一般都采用等加速—等减速曲线。为了减少冲击，近年来在某些泵中也有采用正弦、余弦曲线和高次曲线的。

（2）叶片安放角

设置叶片安放角有利于叶片在槽内滑动，为了保证叶片顺利地从叶片槽滑出，减小叶片的压力角，减少压油区的叶片沿槽道向槽里运动时的摩擦力和因此造成的磨损，防止叶片被卡住，改善叶片的运动。根据过渡曲线的动力学特性，双作用叶片泵转子的叶片槽常做成沿旋转方向向前倾斜一个安放角 θ，当叶片有安放角时，叶片泵就不允许反转。

但近年的研究表明，叶片倾角并非完全必要。某些高压双作用式叶片泵的转子槽是径向的，但并没有因此而引起明显的不良后果。

（3）端面间隙的自动补偿

为了提高压力，减少端面泄漏，采取的间隙自动补偿措施是将配流盘的外侧与压油腔连通，使配流盘在液压推力作用下压向转子。泵的工作压力愈高，配流盘就会愈加贴紧转子，对转子端面间隙进行自动补偿。

3. 双作用叶片泵的优缺点

优点：运动平稳，噪音小，寿命长，压力脉动小，流量均匀，结构紧凑，体积小重量轻。
缺点：对油液要求较严格，自吸性能较差，转速范围受限，泵不能反转。

3.3.2 单作用叶片泵

1. 单作用叶片泵的工作原理

单作用叶片泵的工作原理如图 3-8 所示，单作用叶片泵是由转子 1、定子 2、叶片 3 和配流盘等组成。定子的工作表面是一个圆柱表面，定子与转子不同心安装，有一偏心距 e。叶片装在转子槽内可灵活滑动。转子回转时，叶片在离心力和叶片根部压力油的作用下，叶片顶部贴紧在定子内表面上。在定子、转子每两个叶片和两侧配流盘之间就形成了一个个密封腔。当转子按图示方向转动时，图中右边的叶片逐渐伸出，密封腔容积逐渐增大，产生局部真空，于是油箱中的油液在大气压力作用下，由吸油口经配流盘的吸油窗口（图中虚线的形槽），进入这些密封腔，这就是吸油过程。反之，图中左面的叶片被定子内表面推入转子的槽内，密封腔容积逐渐减小，腔内的油液受到压缩，经配流盘的压油窗口排到泵外，这就是压油过程。在吸油腔和压油腔之间有一段封油区，将吸油腔和压油腔隔开。泵转一周，叶片在槽中滑动一次，进行一次吸油、压油，故又称单作用式叶片泵。

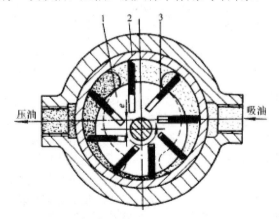

图 3-8 单作用叶片泵的工作原理
1—转子 2—定子 3—叶片

2. 限压式变量叶片泵

限压式变量叶片泵是一种自动调节式变量泵，它能根据外负载的大小自动调节泵的排量。限压式变量叶片泵的流量改变是利用压力的反馈作用实现的，按照控制方式分内反馈和外反馈两种形式，下面主要介绍外反馈限压式变量叶片泵。

（1）外反馈限压式变量叶片泵的工作原理。如图 3-9 所示为外反馈限压式变量叶片泵的工作原理：转子 1 的中心 O_1 是固定不变的，定子 2（其中心 O_2）可以水平左右移动，它在限压弹簧的作用下被推向左端和反馈柱塞 6 右端面接触，使定子和转子的中心保持一个初始偏心距 e_0。当泵的转子按顺时针旋转时，转子上部为压油区，压力油的合力把定子向上压在滑块滚针支承（图中未标注出）上。定子左边有一个反馈柱塞，它的油腔与泵的压油腔相通。设反馈柱塞面积为 A，则作用在定子上的反馈力为 p_p，当液压力小于弹簧力时，弹簧把定子推向最左边，此时偏心距为最大值，则流量为最大流量。当泵的压力力增大，$p_pA>F_s$ 时，反馈力克服弹簧力，把定子向右推移，偏心距减小，流量降低，当压力大到泵内偏心距所产生的流量全部用于补偿泄漏时，泵的输出流量为零，不管外负载再怎样加大，泵的输出压力不会再升高，这就是此泵被称为限压式变量叶片泵的由来。至于外反馈的意义则表示反馈力是通过柱塞从外面加到定子上的。

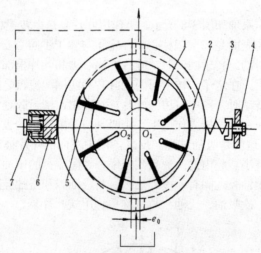

图 3-9　外反馈限压式变量叶片泵的工作原理

1—转子　2—定子　3—调压弹簧　4—调压螺钉　5—叶片　6—反馈柱塞　7—流量调节螺钉

（2）限压式变量叶片泵的特性曲线。当泵的工作压力 p_p 小于限定压力 p_B 时，油压的作用力还不能克服弹簧的预紧力，这时定子的偏心距不变，泵的理论流量不变，但由于供油压力增大时，泄漏量增大，实际流量减小，所以流量曲线为如图 3-10 所示 AB 段；当 $p_p=p_B$ 时，B 为特性曲线的转折点；当 $p_p>p_B$ 时，弹簧受压缩，定子偏心距减小，使流量降低，如图 3-10 曲线 BC 所示。随着泵工作压力的增大，偏心距减小，理论流量减小，泄漏量增大。当泵的压力 $p_p=p_c$ 时，泵的理论流量全部用于补偿泄漏量时，泵实际向外输出的流量等于零，这时定子和转子间维持一个很小的偏心量，这个偏心量不会再继续减小，泵的压力也不会继续升高。所以 C 点所对应的压力 p_c 为泵的极限压力。液压系统采用这种变量泵，可以省略溢流阀工作，并可减少油液发热，从而减小油箱的尺寸，使液压系统比较紧凑。

（3）特性曲线的调节。由前面的工作原理可知：改变反馈柱塞的初始位置，可以改变初始偏心距 e_0 的大小，即定子和转子所形成的最大偏心量，从而改变了泵的最大输出流量，即使曲线 AB 段上下平移。改变调压弹簧 3 的预紧力 F_s 的大小，可以改变限定压力 p_B 的大小，使曲线拐点 B 左右平移。改变压力弹簧的刚度，可以改变 BC 的斜率，弹簧刚度增大，BC 段的斜率变小，曲线 BC 段趋于平缓。掌握了限压式变量泵的上述特性，可以很好地为实际工作服务。例如，在执行元件的空行程、非工作阶段，可使限压式变量泵工作在曲线的 AB 段，这时泵输出流量最大，系统速度最高，从而提高了系统的效率。在执行元件的工作行程阶段，可使泵工作在曲线的 BC 段，这时一泵输出较高压力并根据负载大小的变化自动调节输出流量的大小，以适应负载速度的要求。又如：用流量调节螺钉 7 来调节反馈柱塞 6 的初始位置，可以满足液压系统对流量大小不同的需要，调节压力弹簧的预紧力，可以适应负载大小不同的需要等。若把调压弹簧拆掉，换上刚性挡块，限压式变量泵就可以作定量泵使用。

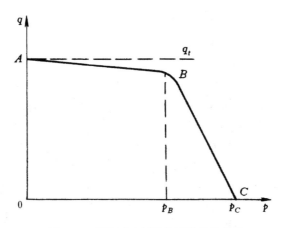

图 3-10　限压式变量叶片泵的特性曲线

3.3.3　双联叶片泵

由两个单级叶片泵组成，其主要工作部件装在一个泵体内，由同一根传动轴驱动，泵体有一个共同的吸油口，两个各自独立的出油口。双联叶片泵的输出流量可以分开使用，也可合并使用。

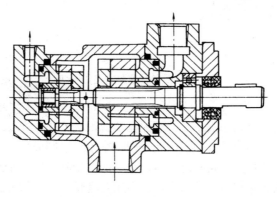

图 3-11　双联叶片泵

3.4　柱　塞　泵

柱塞泵是靠柱塞在缸体中作往复运动造成密封容积的变化来实现吸油与压油的液压泵，

与齿轮泵和叶片泵相比，这种泵有许多优点。首先，构成密封容积的零件为圆柱形的柱塞和缸孔，加工方便，可得到较高的配合精度，密封性能好，在高压工作仍有较高的容积效率；第二，只需改变柱塞的工作行程就能改变流量，易于实现变量；第三，柱塞泵中的主要零件均受压应力作用，材料强度性能可得到充分利用。由于柱塞泵压力高，结构紧凑，效率高，流量调节方便，故在需要高压、大流量、大功率的系统中和流量需要调节的场合，如龙门刨床、拉床、液压机、工程机械、矿山冶金机械、船舶上得到广泛的应用。柱塞泵按柱塞的排列和运动方向不同，可分为径向柱塞泵和轴向柱塞泵两大类。

3.4.1　径向柱塞泵

径向柱塞泵的工作原理如图 3-12 所示。它是由柱塞 1、缸体 2（又称转子）、衬套（传动轴）3、定子 4 和配油轴 5 等组成。转子的中心与定子中心之间有一偏心距 e，柱塞径向排列安装在缸体中，缸体由原动机带动连同柱塞一起旋转，柱塞在离心力（或低压油）作用下抵紧定子内壁，当转子连同柱塞按图示方向旋转时，右半周的柱塞往外滑动，柱塞底部的密封工作腔容积增大，于是通过配流轴轴向孔吸油；左半周的柱塞往里滑动，柱塞孔内的密封工作腔容积减小，于是通过配流轴轴向孔压油。转子每转一周，柱塞在缸孔内吸油、压油各一次。

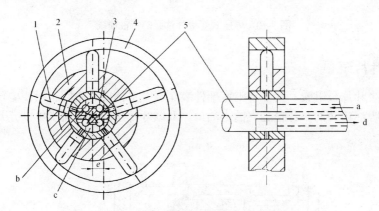

图 3-12　径向柱塞泵的工作原理
1—柱塞　2—缸体　3—衬套　4—定子　5—配油轴

当移动定子改变偏心距 e 的大小时，泵的排量就得到改变；当移动定子使偏心距从正值变为负值时，泵的吸、压油腔就互换。因此径向柱塞泵可以制成单向或双向变量泵。径向柱塞泵径向尺寸大，转动惯量大，自吸能力差，且配流轴受到径向不平衡液压力的作用，易于磨损，这些都限制了其转速与压力的提高，故应用范围较小。常用于拉床、压力机或船舶等大功率系统。

3.4.2　轴向柱塞泵

1. 轴向柱塞泵的工作原理

轴向柱塞泵是将多个柱塞配置在一个共同缸体的圆周上，并使柱塞中心线和缸体中心线平行的一种泵。轴向柱塞泵有两种形式，直轴式（斜盘式）和斜轴式（摆缸式），如图 3-13

所示为直轴式轴向柱塞泵的工作原理，这种泵主体由缸体 1、配油盘 2、柱塞 3 和斜盘 4 组成。柱塞沿圆周均匀分布在缸体内。斜盘轴线与缸体轴线倾斜一角度，柱塞靠机械装置或在低压油作用下压紧在斜盘上（图中为弹簧），配油盘 2 和斜盘 4 固定不转，当原动机通过传动轴使缸体转动时，由于斜盘的作用，迫使柱塞在缸体内作往复运动，并通过配油盘的配油窗口进行吸油和压油。如图 3-13 中所示回转方向，当缸体转角在 $\pi \sim 2\pi$ 范围内，柱塞向外伸出，柱塞底部缸孔的密封工作容积增大，通过配油盘的吸油窗口吸油；在 $0 \sim \pi$ 范围内，柱塞被斜盘推入缸体，使缸孔容积减小，通过配油盘的压油窗口压油。缸体每转一周，每个柱塞各完成吸、压油一次，如改变斜盘倾角，就能改变柱塞行程的长度，即改变液压泵的排量，改变斜盘倾角方向，就能改变吸油和压油的方向，即成为双向变量泵。

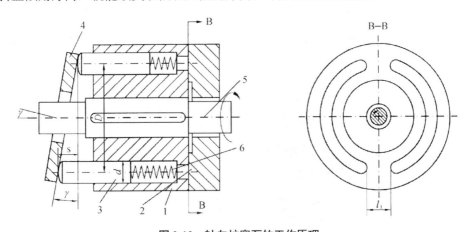

图 3-13　轴向柱塞泵的工作原理

1—缸体　2—配油盘　3—柱塞　4—斜盘　5—传动轴　6—弹簧

斜轴式轴向柱塞泵的缸体轴线相对传动轴轴线成一倾角，传动轴端部用万向铰链、连杆与缸体中的每个柱塞相联结，当传动轴转动时，通过万向铰链、连杆使柱塞和缸体一起转动，并迫使柱塞在缸体中作往复运动，借助配油盘进行吸油和压油。这类泵的优点是变量范围大，泵的强度较高，但和上述直轴式相比，其结构较复杂，外形尺寸和重量均较大。

轴向柱塞泵的优点是：结构紧凑、径向尺寸小，惯性小，容积效率高，目前最高压力可达 40.0 MPa，甚至更高，一般用于工程机械、压力机等高压系统中，但其轴向尺寸较大，轴向作用力也较大，结构比较复杂。

2.　轴向柱塞泵的结构特点

（1）典型结构。图 3-14 所示为一种直轴式轴向柱塞泵的结构。柱塞的球状头部装在滑履 4 内，以缸体作为支撑的弹簧通过钢球推压回程盘 3，回程盘和柱塞滑履一同转动。在排油过程中借助斜盘 2 推动柱塞作轴向运动；在吸油时依靠回程盘、钢球和弹簧组成的回程装置将滑履紧紧压在斜盘表面上滑动，弹簧一般称之为回程弹簧，这样的泵具有自吸能力。在滑履与斜盘相接触的部分有一油室，它通过柱塞中间的小孔与缸体中的工作腔相连，压力油进入油室后在滑履与斜盘的接触面间形成了一层油膜，起着静压支承的作用，使滑履作用在斜盘上的力大大减小，因而磨损也减小。传动轴 8 通过左边的花键带动缸体 6 旋转，由于滑履 4 贴紧在斜盘表面上，柱塞在随缸体旋转的同时在缸体中作往复运动。缸体中柱塞底部的密封工作容积是通过配油盘 7 与泵的进出口相通的。随着传动轴的转动，液压泵就连续地吸油和排油。

（2）变量机构。若要改变轴向柱塞泵的输出流量，只要改变斜盘的倾角，即可改变轴向柱塞泵的排量和输出流量，下面介绍常用的轴向柱塞泵的手动变量和伺服变量机构的工作原理。

① 手动变量机构。如图 3-14 所示，转动手轮 1，使丝杠 12 转动，带动变量活塞 11 作轴向移动（因导向键的作用，变量活塞只能作轴向移动，不能转动）。通过轴销 10 使斜盘 2 绕变量机构壳体上的圆弧导轨面的中心（即钢球中心）旋转。从而使斜盘倾角改变，达到变量的目的。当流量达到要求时，可用锁紧螺母 13 锁紧。这种变量机构结构简单，但操纵不轻便，且不能在工作过程中变量。

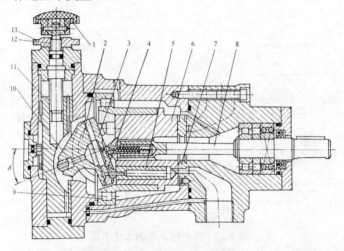

图 3-14　直轴式向柱塞泵结构

1—转动手轮　2—斜盘　3—回程盘　4—滑履　5—柱塞　6—缸体　7—配油盘　8—传动轴
9—轴承　10—轴销　11—变量活塞　12—丝杠　13—锁紧螺母

② 伺服变量机构。图 3-15 所示为轴向柱塞泵的伺服变量机构，以此机构代替图 3-14 所示轴向柱塞泵中的手动变量机构，就成为手动伺服变量泵。其工作原理为：泵输出的压力油由通道经单向阀 a 进入变量机构壳体的下腔 d，液压力作用在变量活塞 4 的下端。当与伺服阀阀芯 1 相联结的拉杆不动时（图示状态），变量活塞 4 的上腔 g 处于封闭状态，变量活塞不动，斜盘 3 在某一相应的位置上。当使拉杆向下移动时，推动阀芯 1 一起向下移动，d 腔的压力油经通道 e 进入上腔 g。由于变量活塞上端的有效面积大于下端的有效面积，向下的液压力大于向上的液压，故变量活塞 4 也随之向下移动，直到将通道 e 的油口封闭为止。变量活塞的移动量等于拉杆的位移量。当变量活塞向下移动时，通过轴销带动斜盘 3 摆动，斜盘倾斜角增加，泵的输出流入随之增加；当拉杆带动伺服阀阀芯向上运动时，阀芯将通道 f打开，上腔 g 通过卸压通道接通油箱而卸压，变量活塞向上移动，直到阀芯将卸压通道关闭为止。它的移动量也等于拉杆的移动量。这时斜盘也被带动作相应的摆动，使倾斜角减小，泵的流量也随之相应的减小。由上述可知，伺服变量机构是通过操作液压伺服阀动作，利用泵输出的压力油推动变量活塞来实现变量的。故加在拉杆上的力很小，控制灵敏。拉杆可用手动方式或机械方式操作，斜盘可以倾斜±18°，故在工作过程中泵的吸压油方向可以变换，因而这种泵就成为双向变量液压泵。除了以上介绍的两种变量机构以外，轴向柱塞泵还有很

多种变量机构。如：恒功率变量机构、恒压变量机构、恒流量变量机构等，这些变量机构与轴向柱塞泵的泵体部分组合就成为各种不同变量方式的轴向柱塞泵，在此不一一介绍。

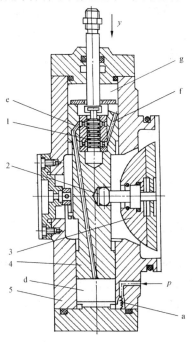

图 3-15　伺服变量机构

1—阀芯　2—铰链　3—斜盘　4—活塞　5—壳体

3.5　液压泵的选用

　　液压泵是液压系统的动力元件，其作用是供给系统一定流量和压力的油液，因此也是液压系统的核心元件。合理地选择液压泵对于降低液压系统的能耗、提高系统的效率、降低噪声、改善工作性能和保证系统的可靠工作都十分重要。

　　选择液压泵的原则：应根据主机工况、功率大小和系统对工作性能的要求，首先确定液压泵的结构类型，然后按系统所要求的压力、流量大小确定其规格型号。表 3-3 给出了各类液压泵的性能特点、比较及应用。

表 3-2　液压系统中常用液压泵的性能比较

性　能	外啮合齿轮泵	双作用叶片泵	限压式变量叶片泵	径向柱塞泵	轴向柱塞泵
输出压力	低压	中压	中压	高压	高压
流量调节	不能	不能	能	能	能
效率	低	较高	较高	高	高
输出流量脉动	很大	很小	一般	一般	一般
自吸特性	好	较差	较差	差	差
对油的污染敏感性	不敏感	较敏感	较敏感	很敏感	很敏感
噪声	大	小	较大	大	大

一般来说，各种类型的液压泵由于其结构原理、运转方式和性能特点各不相同，因此应根据不同的使用场合选择合适的液压泵。一般在负载小、功率小的机械设备中，选择齿轮泵、双作用叶片泵；精度较高的机械设备（如磨床）选择螺杆泵、双作用叶片泵；在负载较大，并有快速和慢速工作的机械设备（如组合机床）选择限压式变量叶片泵；在负载大、功率大的设备（如龙门刨、拉床等）选择柱塞泵；一般不太重要的液压系统（机床辅助装置中的送料、夹紧等）选择齿轮泵。

3.6　思考题

1. 某液压泵的工作压力为 10.0 MPa，转速为 1450 r/min，排量为 46.2 mL/r，容积效率为 0.95，总效率为 0.9。求泵的实际输出功率和驱动该泵所用电动机的功率。

2. 液压泵的两个工作条件是什么？简述外啮合齿轮泵的工作原理。

3. 什么是液压泵的排量？理论流量？实际流量？容积损失和容积效率？

4. 齿轮泵的压力提高主要受到哪些因素影响？可以采用哪些措施来提高齿轮泵的压力？

5. 轴向柱塞泵是如何实现双向变量泵功能的？

6. 双作用叶片泵的叶片底部为什么要通入液压油？液压油是如何引入到叶片泵的底部的？

第4章 液压执行元件

在液压传动系统中，液压执行元件是把通过回路输入的液压能转变为机械能输出的能量转换装置。液压执行元件分别为液压马达和液压缸两种类型，前者可以实现连续旋转运动，后者则可以实现直线或摆动运动。

4.1 液压马达

4.1.1 液压马达的分类及特点

液压马达按其结构类型来分，可以分为齿轮式、叶片式、柱塞式等形式；也可按液压马达的额定转速分，可分为高速和低速两大类：额定转速高于 500 r/min 的属于高速液压马达，额定转速低于 500 r/min 的属于低速液压马达。

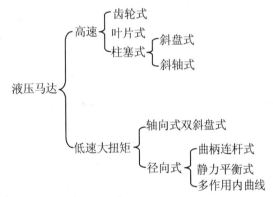

高速液压马达的基本形式有齿轮式、螺杆式、叶片式和轴向柱塞式等。高速液压马达的主要特点是转速高，转动惯量小，便于启动和制动，调节（调速和换向）灵敏度高。通常高速液压马达的输出扭矩不大（仅几十 N·m 到几百 N·m），所以又称为高速小扭矩液压马达。

低速液压马达的基本形式是径向柱塞式，例如多作用内曲线式、单作用曲轴连杆式和静刚压平衡式等。低速液压马达的主要特点是：排量大、体积大、转速低（几转甚至零点几转每分钟），因此可以直接与工作机构连接，不需要减速装置，使传动机构大大简化。通常低速液压马达的输出扭矩较大（可达几千 N·m 到几万 N·m），所以又称为低速大扭矩液压马达。

从结构上，常用的液压马达的结构与同类型的液压泵很相似；从原理上讲，马达和泵在工作原理上是互逆的，当向泵输入压力油时，其轴输出转速和转矩就成为马达。但由于二者的功能不同，导致了结构上的某些差异，在实际结构上只有少数泵能做马达使用。例如：

（1）液压泵的吸油腔一般为真空，为改善吸油性能和抗气蚀能力，通常把进口做得比出口大；而液压马达的排油腔的压力稍高于大气压力，所以没有上述要求，进、出油口的尺寸相同。

（2）液压泵在结构上必须保证具有自吸能力，而液压马达则没有这一要求。

（3）液压马达需要正、反转，所以在内部结构上应具有对称性；而液压泵一般是单方向旋转，其内部结构可以不对称。

（4）在确定液压马达的轴承结构形式及其润滑方式时，应保证在很宽的速度范围内都能正常地工作；而液压泵的转速高且一般变化很小，就没有这一苛刻要求。

（5）液压马达应有较大的起动扭矩（即马达由静止状态起动时，其轴上所能输出的扭矩）。因为将要起动的瞬间，马达内部各摩擦副之间尚无相对运动，静摩擦力要比运行状态下的动摩擦力大得多，机械效率很低，所以起动时输出的扭矩也比运行状态下小。另外，起动扭矩还受马达扭矩脉动的影响，如果起动工况下马达的扭矩正处于脉动的最小值，则马达轴上的扭矩也小。为了使起动扭矩尽可能接近工作状态下的扭矩，要求马达扭矩的脉动小，内部摩擦小。例如齿轮马达的齿数就不能像齿轮泵那样少，轴向间隙补偿装置的压紧系数也比泵取得小，以减少摩擦。

由于上述原因，就使得很多同类型的泵和马达不能互逆通用。

4.1.2　液压马达的图形符号

液压马达图形符号如表 4-1 所示。

表 4-1　液压马达的图形符号

名称	液压马达	单向定量液压马达	双向定量液压马达	单向变量液压马达	双向变量液压马达
符号	⊖	⊖	⊖	⊘	⊘

4.1.3　液压马达的工作原理

下面以叶片式和轴向柱塞式液压马达为例对其工作原理作简单介绍。

1. 叶片式液压马达

图 4-1 所示为叶片式液压马达的工作原理，当压力油通入压油腔后，在叶片 1、3（或 5、7）上，一面作用有压力油，另一面则为无压力油，由于叶片 1、5 受力面积大于叶片 3、7，从而由叶片受力构成的力矩推动转子和叶片作顺时针方向转动。叶片式液压马达的输出转矩与其排量和进出油口之间的压力差有关，其转速由输入液压马达的流量大小来决定。如果改变压力油的输入方向，马达便反向旋转。

为使叶片马达正常工作，其结构与叶片泵有一些重要区别。根据液压马达有双向旋转的要求，马达的叶片需要径向放置，叶片应始终紧贴定子内表面，以保证正常启动。因此，在吸、压油腔通入叶片根部的通路上应设置单向阀，保证叶片底部总能与压力油相通，此外还另设弹簧，使叶片始终处于伸出状态，保证初始密封。

叶片马达的转子惯性小，动作灵敏，可以频繁换向，但泄漏量大，不宜在低速下工作。因此叶片马达一般用于转速高、转矩小、动作要求灵敏的场合。

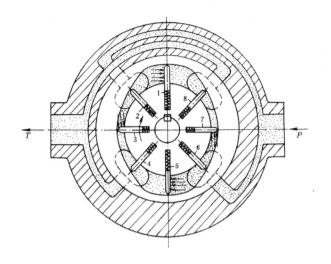

图 4-1　叶片式液压马达的工作原理

1、2、3、4、5、6、7、8—叶片

2. 轴向柱塞马达

图 4-2 斜盘式轴向柱塞液压马达工作原理图。图中斜盘 1 和配油盘 4 固定不动，柱塞 3 轴向地放在缸体 2 中，缸体 2 和液压马达轴 5 相连，并一起转动。斜盘的中心线和缸体的中心线杆交一个倾角 δ_M。当压力油通过配油盘 4 上的配油窗口 a 输入到与窗口 a 相通的缸体上的柱塞孔时，压力油把该孔中柱塞顶出，使之压在斜盘上。由于斜盘对柱塞的反作用力垂直于斜盘表面（作用在柱塞球头表面的法线方向上），这个力的水平分量 F_x 与柱塞右端的液压力平衡，而垂直分量 F_Y 则使每一个与窗口 a 相通的柱塞都对缸体的回转中心产生一个转矩，使缸体和液压马达轴做逆时针方向旋转，在轴 5 上输出转矩和转速。如果改变液压马达压力油的输入方向，液压马达轴就做顺时针方向旋转。同样如果改变压力油的输入方向，马达便反向旋转；改变倾角 δ_M 的大小，便可改变排量，而成为变量马达。

轴向柱塞马达的结构和轴向柱塞泵基本相同。它们的区别是：为适应正、反转的需要，马达的配油盘应做成对称结构，进、回油口通径须做的一样大，否则影响正反转性能。

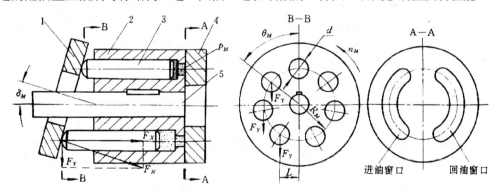

图 4-2　斜盘式轴向柱塞液压马达工作原理图

1—斜盘　2—缸体　3—柱塞　4—配油盘　5—马达轴

4.1.4 液压马达的主要参数

1. 转速和容积效率

若液压马达的排量为 V，液压马达入口处的流量 q（又称实际流量），容积效率 η_V 为理论流量和实际流量之比，则

$$\eta_V = \frac{Vn}{q} \tag{4-1}$$

$$n = \frac{q}{V}\eta_V \tag{4-2}$$

2. 总效率

液压马达的总效率为输入功率与输出功率之比，它等于机械效率与容积效率的乘积，即

$$\eta = \eta_m \eta_V \tag{4-3}$$

3. 转矩 T

液压马达输入为液压能，其输出为机械能，

$$pq = 2\pi n\, T \tag{4-4}$$

实际上因为存在机械效率与容积效率问题，因而式（4-4）可写成

$$pq\eta = 2\pi n\, T$$

得

$$T = \frac{pV}{2\pi}\eta_m \tag{4-5}$$

4.2 液压缸概述

4.2.1 液压缸的类型及其特点

液压缸（又称油缸或作动桶）是液压系统中常用的一种执行元件，是把液体的压力能转变为机械能（力和位移）的装置，主要用于实现机构的直线往复运动，也可以实现摆动，其结构简单，工作可靠，维修方便，应用广泛。液压缸广泛地应用于工业生产各个部门，如舰船上（如潜望镜的升降装置、转舵装置、液压仓盖等装置）。

液压缸按不同的使用压力可分为中低压，中高压和高压液压缸。对于机床类机械一般采用中低压液压缸，其额定压力为 2.5～6.3 MPa；对于要求体积小、重量轻、出力大的建筑车辆和飞机用液压缸多数采用中高压液压缸，其额定压力为 10～16 MPa；对于油压机一类机械，大多数采用高压液压缸，其额定压力为 25～31.5 MPa。

液压缸按结构特点可分为活塞缸、柱塞缸、摆动缸三类。活塞缸和柱塞缸用以实现直线运动，输出推力和速度；摆动缸用以实现小于 360° 的转动，输出转矩和角速度。

液压缸按作用方式可分为单作用式液压缸（如图 4-3）和双作用式液压缸（如图 4-4）两类。单作用式液压缸利用液压力推动活塞向一个方向运动，而反向则靠外力实现，单作用式液压缸又可分为无弹簧式（图 4-3（a））、附弹簧式（图 4-3（b））、柱塞式（图 4-3（c））3 种；双作

用式液压缸则是利用液压力推动活塞做正反两方向的运动，这种形式的液压缸应用最多，双作用液压缸又可分为单活塞杆形（图 4-4（a）），双活塞杆形（图 4-4（b））两种，其中双活塞杆液压缸在机床液压系统中采用较多，单活塞杆液压缸广泛应用于各种工程机械中。

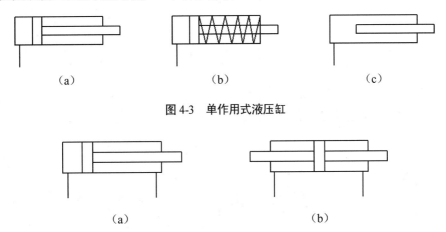

(a)　　　　　　　　　　(b)　　　　　　　　　　(c)

图 4-3　单作用式液压缸

(a)　　　　　　　　　　　　　　　(b)

图 4-4　双作用式液压缸

4.2.2　活塞式液压缸

活塞式液压缸可分为双活塞杆式和单活塞杆式两种结构形式，其安装又有缸筒固定和活塞杆固定两种方式。

1. 双活塞杆液压缸

（1）工作原理。图 4-5 为双活塞杆缸原理图，其活塞的两侧都有伸出杆。图 4-5（a）为缸体固定式双活塞杆液压缸结构简图，工作台 4 与活塞杆 3 相连，缸筒 1 固定在机身上不动。当油液从 a 口进入缸左腔时，推动活塞 2 带动工作台向右运动，液压缸右腔中的油液则从 b 口回油；反之，活塞带动工作台反向运动。由图可见，这种液压缸工作台最大运动范围是活塞有效行程 L 的三倍，占地面积较大，常用于行程短或小型液压设备。图 4-5（b）为活塞杆固定式双活塞杆液压缸结构简图，活塞杆常是空心的且固定不动，缸筒与工作台相连，缸筒左腔进油，缸筒带动工作台向左运动，右腔回油；反之，工作台向右运动。这种液压缸工作台最大运动范围是活塞有效行程 L 的两倍，占地面积较小，常用于行程长的大中型设备。由此可知，当压力油从两油口交替输入液压缸左、右工作腔时，压力油作用于活塞端面，驱动活塞或缸体运动，并带动工作台作直线往复运动。

（2）推力及速度。双活塞杆液压缸的两活塞杆直径相等设为 d，则它左、右两腔的有效作用面积也相等且设为 A，所以当输入流量 q 和油液压力 p 不变时，活塞或缸体往返运动速度和推力相等。

双活塞杆缸的的推力 F 和速度 v 可按下式计算：

$$F = A(p_1 - p_2) = \frac{\pi}{4}(D^2 - d^2)(p_1 - p_2) \tag{4-6}$$

$$v = \frac{q}{A} = \frac{4q}{\pi(D^2 - d^2)} \tag{4-7}$$

式中：p_1、p_2 —— 分别为缸的进、回油压力；

D、d —— 分别为活塞直径和活塞杆直径；

q —— 输入流量；

A —— 活塞有效工作面积。

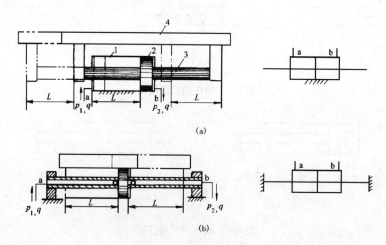

(a)

图 4-5　双活塞杆液压缸

1—缸筒　2—活塞　3—活塞杆　4—工作台

关于式中回油腔压力 p_2：当回油腔直接回油，忽略一切损失此时 p_2 为零；当回油腔加单向阀回油池，$p_2 \neq 0$，调节单向阀弹簧可以调节回油腔压力 p_2 大小。

2. 单活塞杆式液压缸

（1）工作原理。单活塞杆液压缸的活塞仅一端带有活塞杆，活塞双向运动可以获得不同的速度和输出力，其简图及油路连接方式如图 4-6 所示。

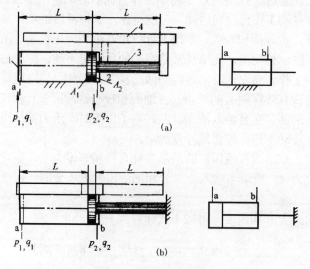

(a)

(b)

图 4-6　单活塞杆液压缸

1—缸筒　2—活塞　3—活塞杆　4—工作台

图 4-6（a）为缸体固定式单活塞杆液压缸结构简图，图 4-6（b）为活塞杆固定式单活塞杆液压缸结构简图。它们液压缸工作台最大运动范围是活塞有效行程 L 的两倍，占地面积较小，结构紧凑，应用广泛。

（2）推力及速度。如图 4-7，由于单活塞杆液压缸只有一根活塞杆，所以活塞两端的有效作用面积 A 不相等。很显然当供油压力 p_1、流量 q_1 以及回油压力 p_2 相同时，液压缸左、右两个运动方向的液压推力 F 和运动速度 v 不相等。下面将分三种情况来分析：

ⅰ 向无杆腔进压力油，有杆腔回油时，如图 4-7（a）活塞的运动速度 v_1 和推力 F_1 分别为：

$$F_1 = A_1 p_1 - A_2 p_2 = \frac{\pi}{4}[D^2 p_1 - (D^2 - d^2)p_2] \tag{4-8}$$

$$v_1 = \frac{q}{A_1} = \frac{4q}{\pi D^2} \tag{4-9}$$

ⅱ 向有杆腔进压力油，无杆腔回油时，如图 4-7（b），活塞推力 F_2 和运动速度 v_2 分别为：

$$F_2 = A_2 p_1 - A_1 p_2 = \frac{\pi}{4}[(D^2 - d^2)p_1 - D^2 p_2] \tag{4-10}$$

$$v_2 = \frac{q}{A_2} = \frac{4q}{\pi(D^2 - d^2)} \tag{4-11}$$

ⅲ 差动连接如图 4-7（c）所示，当压力油同时进入液压缸的左、右两腔，作差动连接单活塞杆缸简称为差动缸。由于无杆腔工作面积比有杆腔工作面积大，压力虽相等，活塞仍向右运动。

差动连接时，活塞的推力 F_3 为：

$$F_3 = A_1 p - A_2 p = A_3 p = \frac{\pi d^2}{4} p \tag{4-12}$$

活塞的运动速度 v_3：

$$v_3 = \frac{q}{A_1 - A_2} = \frac{q}{A_3} = \frac{4q}{\pi d^2} \tag{4-13}$$

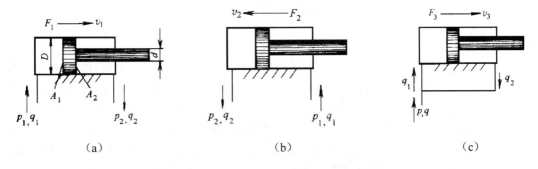

图 4-7　单活塞杆液压缸的三种不同进油方式

当单杆活塞缸两腔同时通入压力油时，由于两腔存在有效作用面积差，活塞向右运动同时又将有杆腔的油液挤出，使其流进无杆腔，从而加快了活塞杆的伸出速度。由式 4-12 分析差动连接时液压缸的有效作用面积是活塞杆的横截面积，工作台运动速度比无杆腔进油时的速度大，而输出力则减小。差动连接是在不增加液压泵容量和功率的条件下，实现快速运动的有效办法。若 $A_2=A_1/2$，即 $D=\sqrt{2}d$，则差动连接缸的快进 v_3 与快退 v_2 的运动速度相等。

将单杆活塞缸的三种进油连接作比较，可见 $v_1<v_2<v_3$，$F_1>F_2>F_3$，因此采用不同连接方式，可以得到三种不同的推力和运动速度，差动连接时速度最快，但推力最小。所以工作循环中快进时一般选择差动连接，工进时选择无杆腔供油的连接方式，而快退选择有杆腔供油的连接方式。

4.2.3 柱塞式液压缸

前面所讨论的活塞式液压缸的应用非常广泛，但这种液压缸由于缸孔加工精度要求很高，当行程较长时，加工难度大，使得制造成本增加。在生产实际中，某些场合所用的液压缸并不要求双向控制，而柱塞式液压缸正是满足了这种使用要求的一种价格低廉的液压缸。

如图 4-8（a）所示，柱塞缸由缸筒、柱塞、导套、密封圈和压盖等零件组成，当压力油进入缸筒时，推动柱塞运动。柱塞和缸筒内壁不接触，因此缸筒内孔不需精加工，工艺性好，成本低。柱塞式液压缸是单作用的，它的回程需要借助自重或弹簧等其他外力来完成，如果要获得双向运动，可将两柱塞液压缸成对使用如图 4-8（b）所示。柱塞缸的柱塞端面是受压面，其面积大小决定了柱塞缸的输出速度和推力，为保证柱塞缸有足够的推力和稳定性，一般柱塞较粗，重量较大，水平安装时易产生单边磨损，故柱塞缸适宜于垂直安装使用。为减轻柱塞的重量，有时制成空心柱塞。柱塞缸主要用在龙门刨床、导轨磨床、大型拉床等大行程设备的液压系统中。

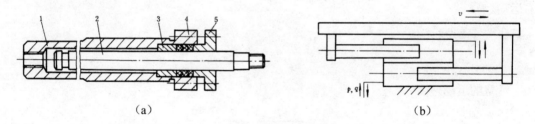

图 4-8 柱塞式液压缸

1—缸筒 2—柱塞 3—导向套 4—密封圈 5—压盖

4.2.4 摆动缸

图 4-9 为摆动缸工作原理图。摆动缸是输出转矩并实现往复摆动的液压缸，又称摆动液压马达，有单叶片（如图 4-9（a））和双叶片（如图 4-9（b））两种形式。定子块固定在缸体上，叶片与输出轴连为一体。当两油口交替通入压力油时，叶片即带动输出轴作往复摆动。

单叶片缸的摆动角一般不超过 280°，双叶片摆动液压缸的摆角一般不超过 150°。当输入压力和流量不变时，双叶片摆动液压缸摆动轴输出转矩是相同参数单叶片摆动缸的两倍，而摆动角速度则是单叶片的一半。

摆动缸结构紧凑，输出转矩大，但密封困难，一般只用于中、低压系统中往复摆动，转位或间歇运动的地方。

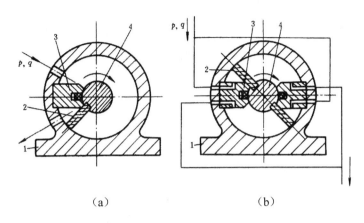

图 4-9　摆动式液压缸

1—缸体　2—回转叶片　3—定子块　4—叶片轴

4.2.5　其他液压缸

1. 增压缸

增压缸能将输入的低压油转变为高压油，向液压系统中的某一支路供油。它由大、小直径分别为 D 和 d 的复合缸筒及有特殊结构的复合活塞组成，如图 4-10 所示为单作用增压缸的工作原理图。

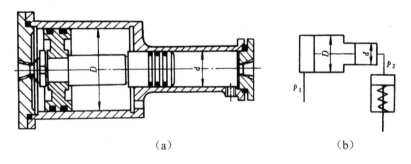

图 4-10　增压缸

若输入增压缸大端的油压为 p_1，由小端输出的油压为 p_2，则

$$p_2 = \frac{D^2}{d^2} p_1 \tag{4-14}$$

式中　D^2/d^2 是增压比，即增压倍数。增压缸只能将高压端输出油通入其他液压缸以获取大的推力，其本身不能直接作为执行元件，所以安装时应尽量使它靠近执行元件。

2. 伸缩缸

伸缩式液压缸又称为多级液压缸，图 4-11 即为多级伸缩套筒式液压缸。活塞伸出顺序是先大后小，相应的推力也是由大到小，伸出时的速度是由慢到快。活塞缩回时的顺序，一般是先小后大，缩回速度是由快到慢。这种缸的特点是活塞杆伸出行程大，收缩后结构尺寸小，结构紧凑。适用于工程机械和其他行走机械，如自卸汽车、起重机等设备。

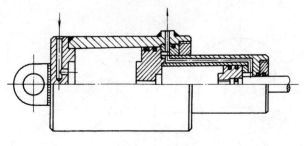

图 4-11　伸缩缸

3. 齿条液压缸

齿条液压缸又称无杆式液压缸，由带有一根齿条杆的双活塞缸 1 和一套齿轮齿条传动机构 2 组成，如图 4-12 所示。压力油推动活塞左右往复运动时，经齿条推动齿轮轴往复转动，齿轮便驱动工作部件作周期性的往复旋转运动。齿条缸多用于自动线、组合机床等转位或分度机构的液压系统中。

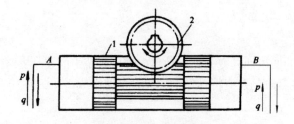

图 4-12　齿条液压缸
1—柱塞缸　2—齿轮齿条传动机构

4.3　液压缸的结构和组成

4.3.1　液压缸的典型结构

图 4-13 所示为双活塞杆液压缸结构图。它由缸筒 5，前后支架（缸筒的端盖）3，前后导向套 4，前后压盖 2，活塞 6，两根活塞杆 1，两套 V 形密封圈 8，密封纸垫 7 等组成。

这种液压缸的缸体固定在机身上不动，活塞杆用螺母 10 与工作台支架 9 连接在一起，螺母设置在支架 9 的外侧，活塞杆只受拉力，活塞杆直径可以做得较细，当活塞杆受热伸长时也不会因受阻而弯曲。

在液压缸前后端盖上开有进出油口 A 和 B，当压力油通过油口 A 或 B 进入或流出液压缸时，都要经过套 4 上的环形槽和端盖 3 上的轴向小孔，这样设计有利于排气。当压力油从液压缸 A 口进入左腔，右腔从 B 口回油时，活塞带动工作台向右移动；反之，活塞带动工作台向左移动。

这种液压缸缸筒与端盖用法兰连接，活塞与活塞杆用销钉连接，活塞与缸筒之间采用间隙密封。间隙密封内泄漏较大，但对于压力较低、工作台运动速度较高的液压系统来说还是适用的。活塞杆与缸筒端盖处用 V 形密封圈 8 密封，这种密封圈接触面较长，密封性能较好，但摩擦力较大，装配时不能将压盖压得过紧，否则会增加摩擦阻力和加快密封圈的摩损而影响使用寿命。导向套 4 与活塞杆配合起导向支承作用。

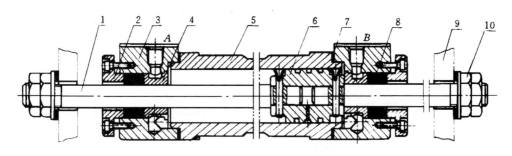

图 4-13　双作用双活塞杆液压缸结构图
1—活塞杆　2—压盖　3—端盖　4—导向套　5—缸筒　6—活塞
7—密封纸垫　8—密封圈　9—工作台支架　10—螺母

图 4-14 为一种双作用单杆活塞缸结构，它由缸筒、端盖、活塞、活塞杆、导向套、密封圈等组成。缸筒一端与缸底焊接，另一端与缸盖采用螺纹连接。活塞与活塞杆采用卡键连接。为了保证液压缸的可靠密封，在相应部位设置了密封圈和防尘圈。液压缸上有耳环，用以将液压缸铰接在支架上。因此，这种液压缸在进行往复直线运动的同时，轴线可以随工作的需要自由摆动。

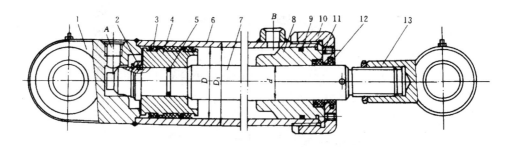

图 4-14　双作用单活塞杆液压缸结构图
1—缸底　2—卡键　3、5、9、11—密封圈　4—活塞　6—缸筒
7—活塞杆　8—导向套　10—缸盖　12—防尘圈　13—耳轴

由上两例可见，液压缸的结构一般都是由缸体组件、活塞组件、密封装置以及缓冲装置、排气装置等五大部分组成。

4.3.2　液压缸的组成

1. 缸体组件

缸体组件包括缸筒、前后缸盖和导向套等，缸体组件中缸筒与端盖的连接形式很多，如图 4-15 图示。

法兰式连接，结构较简单，易于加工和装配，连接可靠，缺点是外形尺寸较大。铸铁、铸钢和锻钢制的缸体多采用法兰式，如图 4-15（a）。用无缝钢管制作的缸筒，常用半环式连接（见图 4-15（b））和螺纹连接（见图 4-15（d））。这两种连接方式，结构紧凑、重量轻。但半环式连接，须在缸筒上加工环形槽，削弱缸筒的强度；螺纹连接，须在缸筒上加工螺纹，端部的结构比较复杂，一般用于外形尺寸小、重量轻的场合。较短的液压缸常采用拉杆式连接（见图 4-15（c））。这种连接具有加工和装配方便等优点，其缺点是外形尺寸和重量较大，拉杆受力后会拉伸变长，影响密封性。还有焊接式连接，其结构简单，尺寸小，强度高，密封性好，但焊接时易引起缸筒变形，也不易加工，故使用较少。

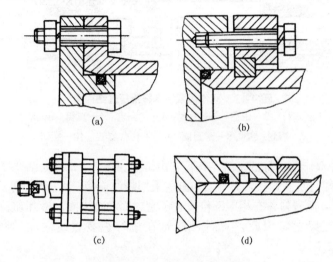

图 4-15　缸筒与端盖的连接形式

2. 活塞组件

活塞组件包括活塞和活塞杆，活塞和活塞杆连接形式有多种，如图 4-15 所示。整体式连接（见图 4-16（a））和焊接式连接（见图 4-16（b）），结构简单、轴向尺寸小，但损坏后需整体更换，常用于小直径液压缸。锥销连接（见图 4-16（c））易加工、装配简单，但承载能力小，且需有防止锥销脱落的措施，适用于轻载液压缸。螺纹连接（见图 4-16（d））结构简单、装拆方便，一般需要有螺纹防松装置。由于加工螺纹削弱了活塞杆的强度，因此不适用于高压系统。卡环式（见图 4-16（e））的强度高，结构复杂、装卸方便，用于高压和振动较大的液压缸。

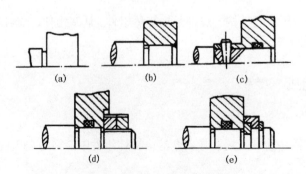

图 4-16　活塞与活塞杆连接形式

3. 液压缸的缓冲

液压缸的缓冲装置是为了防止活塞在行程终了时和缸盖发生撞击。常见的缓冲装置如图 4-17 所示。

（1）环状间隙式缓冲装置。图 4-17（a）为圆柱形环隙式缓冲装置，活塞端部有缓冲柱塞，当柱塞运行至液压缸端盖上的圆柱孔内时，缸筒内的油液只能从环形间隙 δ 处挤出去，这时活塞减速制动，从而减缓了冲击。图 4-17（b）为圆锥形环隙式，环形间隙 δ 将随伸入端盖孔中距离增长而减小，从而获得更好的缓冲效果。

（2）可变节流式缓冲装置。图 4-17（c）为可变节流式缓冲装置。在其缓冲柱塞上开有几个均布的三角形节流沟槽。随着柱塞伸入孔中距离的增长，其节流面积减小，冲击压力小，制动位置精度高。

（3）可调节流式缓冲装置。图 4-17（d）为可调节缓冲装置。当缓冲柱塞伸入端盖上的内孔后，活塞与端盖间的油液须经节流阀 2 流出。可根据液压缸的负载及速度的不同对节流口大小进行调整，能获得理想的缓冲效果。当活塞反向时，压力油经单向阀 1 进入活塞端部，使其迅速启动。

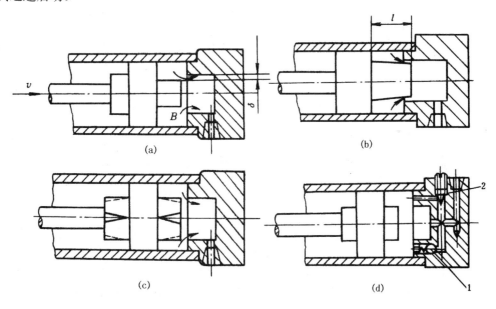

图 4-17　液压缸的缓冲

4. 液压缸的排气

液压系统中混入空气后会使其工作不稳定，产生振动、噪声、低速爬行及启动时突然前冲现象。要保证液压缸的正常工作，必需排除积留在液压缸内的空气。对运动平稳性要求较高的液压缸，两端有排气塞。图 4-18 所示为排气塞结构。工作前拧开排气塞，使活塞全行程空载往返数次，空气即可通过排气塞排出。空气排净后，需把排气塞关闭，液压缸便可进行正常工作。

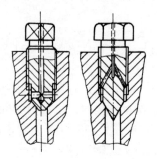

图 4-18　液压缸的排气塞

4.4　思　考　题

1. 哪种液压马达属于高速低扭矩马达？哪些液压马达属于低速高扭矩马达？

2. 简述液压缸的分类，及适用场合；当机床工作台形成较长时，采用什么类型液压缸合适？

3. 何谓差动液压缸？应用在什么场合？

4. 如题图 4-19 所示，试分别计算图（a）、图（b）中的大活塞杆上的推力和运动速度。

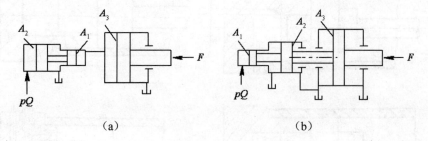

图 4-19　题 4 图

5. 某一差动液压缸，求在（1）$v_{快进} = v_{快退}$，（2）$v_{快进} = 2v_{快退}$两种条件下活塞直径 D 和活塞杆直径 d 之比。

6. 如题图 4-20 所示，两液压缸尺寸相同，已知缸筒直径 $D=100$ mm，活塞杆直径 $d=70$ mm，现两缸串联连接，设进油流量 $q=25$ l/min，进油压力 $p=5$ MPa，两缸上负载 F 相同。试求两活塞运动速度 v_1、v_2 及负载 F。

7. 液压缸不密封会出现哪些问题？那些部位需要密封？

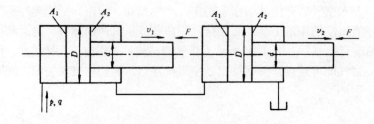

图 4-20　题 6 图

第5章 液压控制元件

5.1 概 述

在液压传动系统中，液压控制元件用来控制油液的流动方向、压力和流量，从而控制执行元件的运动方向、承载能力和运动速度的大小以满足机械设备工作性能的要求。因此，液压阀性能的好坏对液压系统的工作性能起着重要的保证作用。

液压阀的种类很多，通常根据功能分为方向控制阀（如单向阀、换向阀）、压力控制阀（如溢流阀、减压阀、顺序阀等）和流量控制阀（如节流阀、调速阀）等三类基本阀。为了缩短管道尺寸和减少元件数目，常将两个或两个以上的基本阀装在一个阀体内，制成结构紧凑的独立单元，称为组合阀如电磁溢流阀、单向顺序阀、单向节流阀等。尽管阀的种类多，控制的功能各有不同，但都具有以下共性：从结构上看，各类阀都有阀体、阀芯和驱使阀芯动作的元部件（如弹簧、电磁铁）等组成；从工作原理上看，所有阀都是利用改变阀口开度的大小或不同的阀口来进行控制的，都符合小孔流量公式，只是各种阀控制的参数各不相同而已；从功用上看，所有阀对外都不做功，而是液压系统的控制部分。

另外，按控制方式不同，液压阀分为：手动式、机动式、电动式、液动式和电液动式等。按安装方式不同，又可分为管式（螺纹）连接、板式及叠加式连接和插装式连接等。

液压传动系统对液压控制阀的基本要求：

（1）动作灵敏、使用可靠，工作时冲击和振动要小，使用寿命长。

（2）油液通过液压阀时压力损失要小，密封性能好，内泄漏要小，无外泄漏。

（3）结构简单紧凑，安装、维护、调整方便，通用性好。

5.2 方向控制阀

方向控制阀是用于控制液压系统中油路的接通、切断或改变液流方向的液压阀，简称方向控制阀，主要用以实现对执行元件的启动、停止或运动方向的控制。它主要包括单向阀和换向阀两类。

5.2.1 单向阀

单向阀的主要作用是控制油液的单向流动。液压系统对单向阀的主要性能要求是：正向流动阻力损失小，反向时密封性能好，动作灵敏。它主要分为普通单向阀和液控单向阀两种。

1. 普通单向阀

普通单向阀通常简称单向阀，只允许油液向一个方向流动，而不允许反向流动，所以又称逆止阀或止回阀。

单向阀有球式单向阀和锥式单向阀。球式单向阀结构简单，由于钢球圆度有误差，无导向，磨损后阀口关闭不严密，密封性较差，故应用不广泛。而应用最多的是锥式单向阀如图5-1。而锥式单向阀按进、出油口油流的方向不同又有：直通式和直角式两种结构。图5-1（a）为直通式单向阀的进、出油口在同一轴线上，只有管式连接；图5-1（b）为直角式单向阀进、出油流的方向相对于阀芯来讲是直角布置的。图5-1（c）为该阀的图形符号。

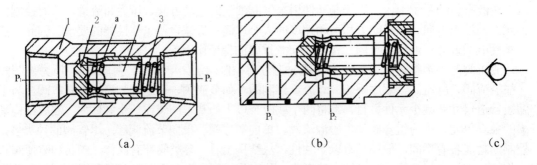

图5-1　单向阀及其图形符号
1—阀体　2—阀芯　3—弹簧

当油液从进油口 P_1 流入时，克服弹簧 3 的阻力和阀芯 2 与阀体 1 之间的摩擦力，顶开锥形阀芯 2，再从出油口 P_2 流出。而当油液从相反方向流入时，在弹簧力和油液压力的作用下，阀芯 2 紧紧地被压在阀座上，液流被截止。

单向阀中的弹簧主要用于克服阀芯的摩擦力和惯性力，使阀芯复位快，工作灵敏可靠，同时也要求在油液通过阀时不产生过大的压力损失，所以开启压力（打开阀的最小压力）很小，约为 0.035～0.05 MPa 左右。做背压阀使用时，开启压力为 0.1～0.4 MPa 左右，因此只要更换单向阀的弹簧即可成为背压阀。

2. 液控单向阀

液控单向阀是一种加液压控制信号后可反向流动的单向阀，如图5-2所示。图5-2（a）为一种液控单向阀的结构，当控制口 K 处无液压油通入时，它的工作和普通单向阀一样，液压油只能从进油口 P_1 流向出油口 P_2，不能反向流动。当控制口 K 处有液压油通入时，控制活塞 1 右侧 a 腔通泄油口（图中未画出），在液压力作用下活塞向右移动，推动顶杆 2 顶开阀芯，使油口 P_1 和 P_2 接通，油液就可以从 P_2 口流向 P_1 口。在图示形式的液控单向阀结构中，K 处通入的控制压力最小须为主油路压力的 30%～50%（而在高压系统中使用的，带卸荷阀芯的液控单向阀其最小控制压力约为主油路压力的 5%），图5-2（b）为其图形符号。

而在高压系统中，液控单向阀反向开启前，P_2 口的压力很高，导致液控单向阀反向开启的控制压力也很高。为了减小控制压力，可以采用带卸荷阀芯的液控单向阀，如图5-3所示。由于 P_2 腔压力油作用于小面积的卸荷阀芯 6 的力较小，因此易被顶起，使 P_2 腔压力下降，继而使主阀芯易被顶起，这样 K 腔控制油压就不必过高。

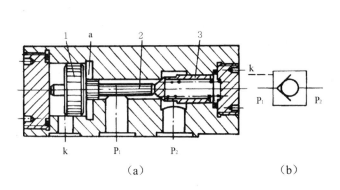

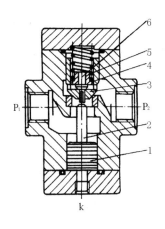

　　　　　（a）　　　　　　　　　　（b）

图 5-2　液控单向阀及其图形符号　　　　　图 5-3　带卸荷阀芯的液控单向阀
1—活塞　2—顶杆　3—阀芯　　　　　　1—控制活塞　2—推杆　3—锥阀
　　　　　　　　　　　　　　　　　　　4—弹簧座　5—弹簧　6—卸荷阀芯

3. 单向阀的应用

（1）单向阀装在液压泵的出口处，可以防止油液倒流而损坏液压泵。

（2）单向阀装在回油管路上做背压阀，使其产生一定的回油阻力，以满足控制油路使用要求或改善执行元件的工作性能。

（3）隔开油路之间不必要的联系，防止油路互相干扰。

（4）普通单向阀与其他阀制成组合阀，如单向减压阀、单向顺序阀、单向节流阀等。

5.2.2　换向阀

　　换向阀是利用阀芯对阀体的相对运动，使油路接通、关断或变换油流的方向，从而实现液压元件及其驱动机构的启动、停止或变换运动方向。换向阀按阀的结构可分为转阀式和滑阀式。滑阀式换向阀在液压系统中应用非常广泛。

1. 滑阀式换向阀的换向原理和图形符号

（1）换向阀的换向原理

　　任何换向阀都是由阀体和阀芯两个主要部件组成，其中阀芯是一个有多段台阶的圆柱体，直径大的部分称凸肩，有的还在阀芯中心孔开有作为油液的阀内通道。阀体内孔加工出若干段环行槽称沉割槽。其工作原理是通过外力（即后面提到的操纵方式）使阀芯在阀体内作相对运动来达到使油路换向的目的。

　　图 5-4 所示为一种三位四通换向阀工作原理，阀芯轴向移动时，可处于右端、中间和左端三个位置，而每个工作位置均由四个相同的油口通到阀体外，与管道相连。其中 P 为进油口，与供油路（液压泵）相通；T 为回油口，与回油路（油箱）相通；A、B 为工作油口，分别与液压缸两腔相通。当阀芯处在阀体中间位置时称为“中位”，如图 5-4（b）所示，四个油口都彼此隔开，互不相通，液压缸此时无液压油进出缸的两腔，所以液压缸保持停止状态；当阀芯从中位右移至右端位置时称为“左位”，如图 5-4（a）所示，P 和 A 相通，而 B

和 T 相通，这时液压缸左腔进入油液，右腔排出油液，液压缸活塞带动活塞杆右行；当阀芯由中位左移至左端时，称为"右位"，如图 5-4（c）所示，P 和 B 相通，A 和 T 相通，这时液压缸油腔进入油液，左腔排出油液，液压缸活塞推动活塞杆左行。

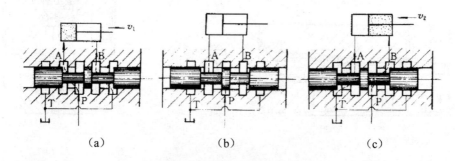

图 5-4　滑阀式换向阀的换向原理

（2）换向阀的图形符号（也称职能符号）

换向阀的主要功能为工作位置数、通路数和机能来决定。工作位数是指阀芯相对于阀体的工作位置的数目；通路数是指与系统主油路相连通的阀体上油口的数目。换向阀的图形符号的意义为：

① 位数。是图形符号中的方格数，有几个方格就表示有几个工作位置。

② 通数。箭头"↑"、"↓"示两油口连通，但不表示流向。堵塞符号"⊥"和"⊤"表示油口被阀芯封堵不通流。在每个方格内，箭头两端或符号"⊥"和"⊤"与方格的交点数为油口的通路数。所以几个交点就表示几通阀，几通阀就表示有几根主油管与阀相接。

③ 常态位。三位阀的中间一格及二位阀侧面画有弹簧的那一方格为常态位，也就是阀芯在原始状态（即为施加控制信号以前的原始位置）下的通路状况。在画液压系统图时，油路与换向阀的连接一般应画在常态位方格上，同时，在常态位上应标出油口的代号。

④ 控制与操纵。控制方式和复位弹簧的符号应画在方格的两端。是图形符号的重要部分。

换向阀的结构原理和图形符号如表 5-1 所示。

表 5-1　换向阀的结构及图形符号

名称	结构原理图	图形符号	名称	结构原理图	图形符号
二位二通			二位五通		
二位三通			三位四通		
二位四通			三位五通		

2. 换向阀的操纵方式

（1）手动换向阀。手动换向阀是依靠手动杠杆的作用力驱动阀芯运动来实现油路通断或切换的换向阀。有弹簧复位式和钢球定位式两种，如图 5-5 所示。图 5-5（a）为弹簧自动复位式，手柄左扳则阀芯右移，阀的油口 P 和 A 通，B 和 T 通；手柄右扳则阀芯左移，阀的油口 P 和 B 通，A 和 T 通；放开手柄，阀芯 2 在弹簧 3 的作用下自动回复中位（四个油口互不相通）。该阀适用于动作频繁、工作持续时间短的场合，操作比较安全，常用于工程机械的液压传动系统中。

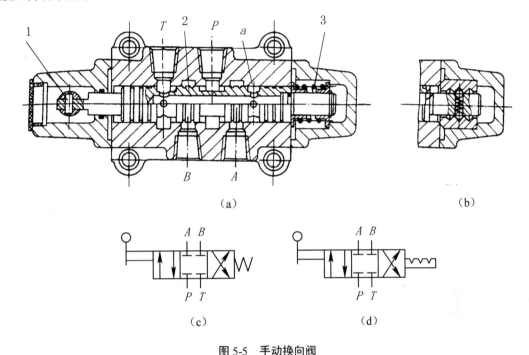

图 5-5 手动换向阀

1—手柄 2—阀芯 3—弹簧

如果将该阀阀芯右端弹簧 3 的部位改为图 5-5（b）的形式，即成为可在三个位置定位的钢球定位式手动换向阀，图 5-5（c）、图 5-5（d）所示为手动换向阀的图形符号图。

（2）机动换向阀。机动换向阀又称行程阀，主要用来控制液压机械运动部件的行程。这种阀必须安装在液压缸附近，在液压缸驱动工作部件的行程中，它借助于安装在工作部件一侧的挡块或凸轮移动到预定位置时就压下阀芯，使阀换位，从而控制油液的流动方向，机动换向阀通常是二位的，有二通、三通、四通和五通几种，其中二位二通、三通机动换向阀又分常闭和常开两种。

如图 5-6（a）所示为滚轮式二位二通常闭式机动换向阀，若滚轮未压住，则油口 P 和 A不通，当挡铁或凸轮压住滚轮时，阀芯右移，则油口 P 和 A 接通。如图 5-6（b）所示为其图形符号。

机动换向阀通常是弹簧复位式的二位阀。它的结构简单，动作可靠，换向位置精度高，改变挡块的迎角或凸轮外形，可使阀芯获得合适的换向速度，减小换向冲击。但这种阀不能安装在液压站上，因而连接管路较长，使整个液压装置不紧凑。

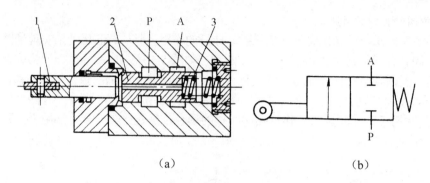

（a）　　　　　　　　　　　　　　　（b）

图 5-6　二位二通机动换向阀

1—滚轮　2—阀芯　3—弹簧

（3）电磁换向阀。电磁换向阀是利用电磁铁吸合产生的推力去推动阀芯换位，实现油路通断或切换的换向阀。它是电气系统与液压系统之间的信号转换元件，它的电气信号由液压设备中的按钮开关、限位开关、行程开关等电气元件发出，从而可以使液压系统方便的实现各种操作及自动顺序动作。

图 5-7（a）所示为二位三通电磁换向阀，图示为断电位置，它是单电磁铁弹簧复位式，阀体左端安装的电磁铁可以通入直流电或交流电。在电磁铁不通电时，阀芯在右端弹簧力的作用下处于左极端位置（常位），油口 P 与 A 连通，不与 B 相通。若电磁铁得电产生一个向右的电磁力，该力通过推杆推动阀芯右移，则油口 P 与 B 连通，与 A 不相通。二位电磁阀一般都由单电磁铁控制。但无复位弹簧而设有定位机构的双电磁铁二位阀，由于电磁铁断电后仍能保留通电时的状态，从而减少了电磁铁的通电时间，延长了电磁铁的寿命，节约了能源；此外，当电源因故中断时，电磁阀的工作状态仍能保留下来，可以避免系统失灵或出现事故，这种"记忆"功能对于一些连续作业的自动化机械和自动线来说，往往是十分必要的。图 5-7（b）为二位三通电磁换向阀职能符号。

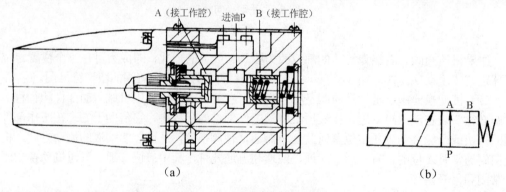

（a）　　　　　　　　　　　　　　　（b）

图 5-7　二位三通电磁换向阀

在三位电磁换向阀的两端各有一个电磁铁和一个对中弹簧，阀芯在常态时处于中位。对三位电磁换向阀来说，当右端电磁铁通电吸合时，衔铁通过推杆将阀芯推至左端，换向阀就在右位工作；反之，左端电磁铁通电吸合时，换向阀就在左位工作。如图 5-8（a）所示为三位五通电磁换向阀，此阀有三个工作位置分别为：当左边电磁铁通电，右边电磁铁断电时，阀芯退至左端，阀油口的连接状态为 P 和 A 通，B 和 T_2 通，T_1 堵死；当右边电磁铁通电，左边电磁铁断电时，P 和 B 通，A 和 T_1 通，T_2 堵死；当左右电磁铁全断电时，五个油口全部堵死。图 5-8（b）为三位五通电磁换向阀职能符号。

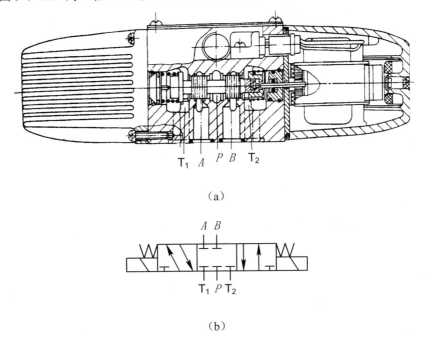

（a）

（b）

图 5-8　三位五通电磁换向阀

三位四通电磁换向阀和三位五通电磁换向阀的结构基本相同，仅在三位五通的阀体上开纵向孔，使左、右两端的环形槽共用一个回油口（即 T_1 和 T_2 口汇合成共同回油口 T），即成为三位四通电磁换向阀。执行元件接三位五通阀时，在正反方向运动时，可得到不同的回油方式。

电磁铁按所接电源的不同，分交流和直流两种基本类型。交流电磁铁使用方便，电磁吸力大，换向时间短（约 0.01~0.03 s），但换向冲击大，噪声大，发热大，换向频率不能太高（每分钟 30 次左右），寿命较低，而且当阀芯被卡住或由于电压低等原因吸合不上时，线圈易烧坏。直流电磁铁需直流电源或整流装置，其换向平稳、工作可靠，噪声小，寿命长，换向频率允许较高（每分钟达 120 次左右），但起动力小，换向时间较长（约 0.05~0.08 s），且需要专门的直流电源，成本较高。还有一种自整流型电磁铁，电磁铁上附有二极管整流线路和冲击吸收装置，能把接入的交流电整流后自用，因而兼具了前述两者的优点。

由于电磁换向阀的换向时间不能调解，电磁铁的推力较小，因此对于流量大、行程长、阀芯移动阻力较大的场合，一般采用液动或电液动换向阀。

（4）液动换向阀。液动换向阀是利用压力油推动阀芯环位，实现油路的通断或切换的换向阀。

图 5-9（a）所示为三位四通液动换向阀，当 K_1 通压力油，K_2 回油时，P 与 A 接通，B 与 T 接通；当 K_2 通压力油，K_1 回油时，P 与 B 接通，A 与 T 接通；当 K_1、K_2 都未通压力油时，P、T、A、B 四个油口全部堵死。图 5-9（b）为三位四通液动换向阀职能符号。

液动换向阀特点是适于高压、大流量、阀芯行程长的场合。

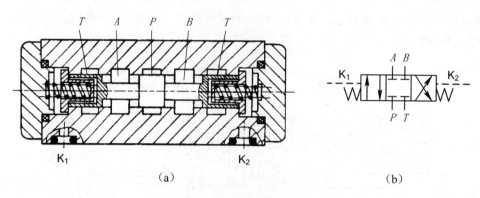

图 5-9　三位四通液动换向阀

　　（5）电液换向阀。电液换向阀是由电磁换向阀和液动换向阀组合而成的。电磁换向阀起先导作用，它可以改变和控制液流的方向，从而改变液动换向阀的位置。由于操纵液动换向阀的液压推力可以很大，因此主阀可以做得很大，允许有较大的流量通过。这样用较小的电磁铁就能控制较大的液流了。

　　控制主阀的压力油可以直接来自主油路，并在阀体内接通，称为内控式；也可以另外引入，称为外控式。从主阀两端排出的控制油液经先导阀回油箱，称为外排式，不经先导阀而直接经主阀回油箱称为内排式。

　　如图 5-10 所示为三位四通电液换向阀，为内控外排式。当先导阀左边的电磁铁通电后，使其阀芯向右边位置移动，来自主阀 P 口的控制油液可经先导电磁阀的 A 口和左单向阀进入主阀左端容腔，并推动主阀阀芯向右移动，这时主阀右端容腔中的控制油液可通过右边的节流阀经先导电磁阀的 B 口和 T 口，再从主阀的 T 口或外接油口流回油箱，使主阀 P 与 A、B 与 T 的油路相通；反之，由先导电磁阀右边的电磁铁通电，可使 P 与 B、A 与 T 的油路相通；当先导电磁阀的两个电磁铁均不带电时，先导阀阀芯在其对中弹簧作用下回到中位，此时来自主阀 P 口的控制油液不再进入主阀芯的左、右两容腔，则先导阀须是 P 型中位机能的三位四通电磁阀，才能保证主阀芯左右两腔的油液通过先导阀中间位置的 A、B 两油口与先导阀 T 口相通，再从主阀的 T 口或外接油口流回油箱。主阀芯在两端对中弹簧的预压力的推动下，依靠阀体定位，准确的回到中位，此时主阀的 P、A、B 和油口均不通，称这种对中称为弹簧对中。除此对中方式之外电液动换向阀还有液压对中的，在液压对中的电液换向阀中，先导式电磁阀在中位时，先导阀 A、B 两油口均与控制液压油口 P 连通，而油口 T 则封闭，其他方面与弹簧对中的电液换向阀基本相似。

　　以下是对电液换向阀的一些控制机构的特点分析。

　　（1）电液换向阀的工作状态（不考虑内部结构）和普通电磁阀一样，但工作位置的变换速度可通过阀上的节流阀调节。如图 5-10 左电磁铁通电后，控制油通过左单向阀通入主阀芯左控制腔。右控制腔回油需经右节流阀通过先导阀回油箱。调节节流阀开口，即可调节主阀换向时间，从而消除执行元件的换向冲击。

　　（2）对于内控方式实现供油的电液换向阀，若在常态位下使泵卸荷（具有 M、H、K 等中位机能），为克服阀在通电后因无控制油压而使主阀不能动作的缺陷，常在主阀的进油孔中插装一个预压阀（即一具有硬弹簧的单向阀），使在卸荷状态下仍有一定的控制油压，足以操纵主阀芯换向。如图 5-11 所示，安装在进油口内的阀即为预压阀。

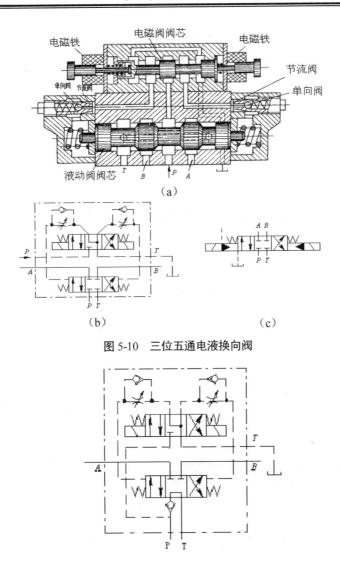

图 5-10　三位五通电液换向阀

图 5-11　装有预压阀的电液换向阀

在电液换向阀中推力大，操纵很方便。此外，主阀芯向左或向右的移动速度可分别由左、油节流阀来调节，这使系统中的执行元件能够得到平稳无冲击的换向。所以，这种操纵形式的换向性能比较好，它适用于高压、大流量的场合。

3. 换向阀的中位机能及其特点

对于三位换向阀处于中间位置（常态位置）时，阀内各油口连通方式，称为换向阀的中位机能（或称滑阀机能）。不同的中位机能，可以满足液压系统的不同要求，表 5-2 为常见的三位四通、三位五通换向阀的中位机能的形式、滑阀状态和符号，由表 5-2 可以看出，不同中位机能是通过改变阀芯的凸肩结构、轴向尺寸和内部通孔来得到的。

分析和选择中位机能时，通常需考虑以下几点。

（1）系统保压。当 P 口被封闭时，如 O 型、Y 型、J 型、U 型，系统保压，泵不卸荷；当 P 口不太畅通的与 T 口接通时，如 X 型，系统能保持一定的压力供控制油路使用。P 口被堵塞时，油需从溢流阀流回油箱，从而增加了功率消耗；但是液压泵能用于多缸系统。

（2）系统卸荷。当 P 口和 T 口完全畅通时，如 H 型、K 型、M 型。因 P、T 口相通，泵输出的油液不经溢流阀即可流回油箱。由于泵直接接油箱，因此泵的输出压力近似为零，也称泵卸荷，系统即可减少功率损失。

表 5-2　三位换向阀的中位机能

中位机能型式	中间位置时的滑阀状态	中间位置的符号	
		三位四通	三位五通
O	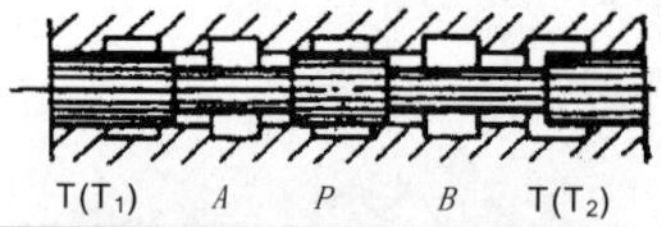	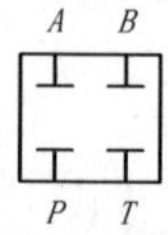	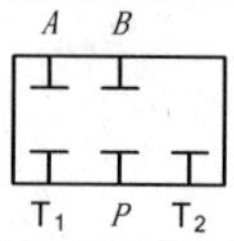
H	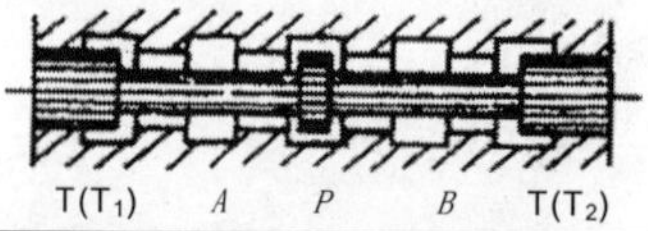	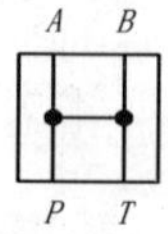	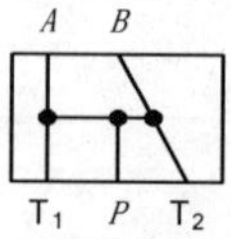
Y	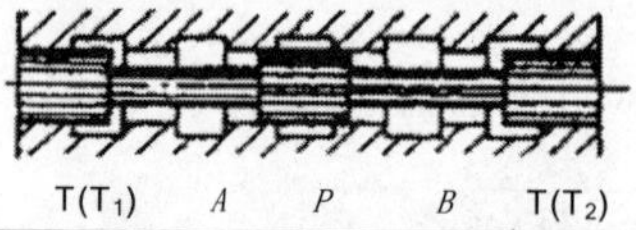	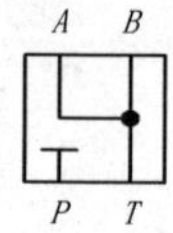	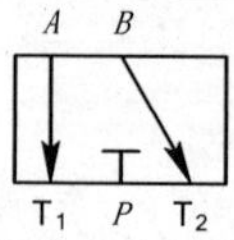
J	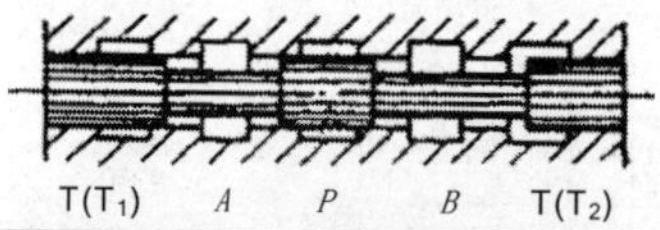	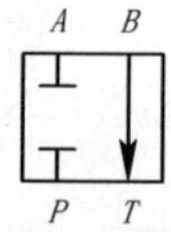	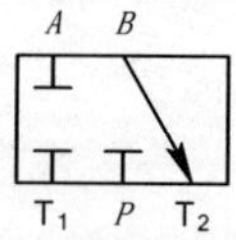
C	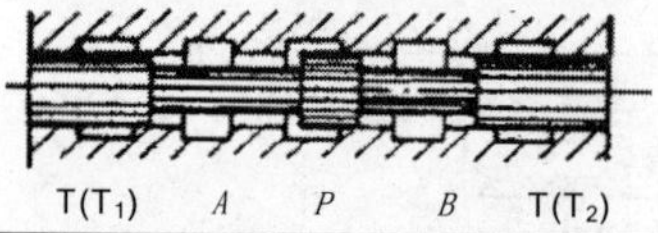	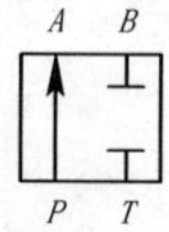	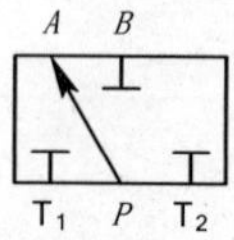
P	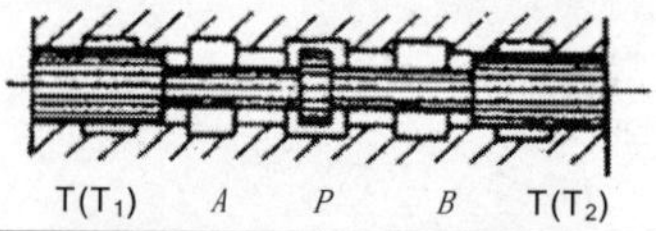	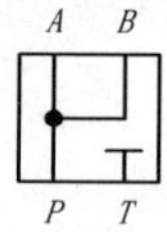	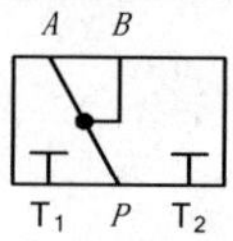
K	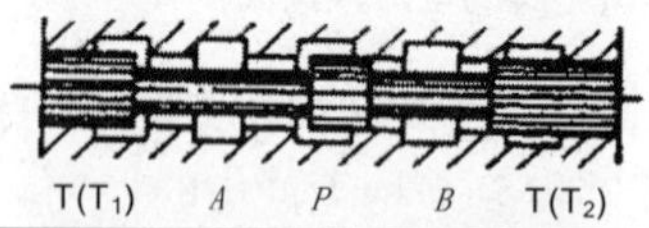	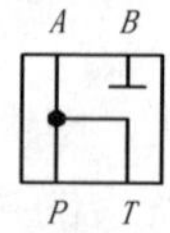	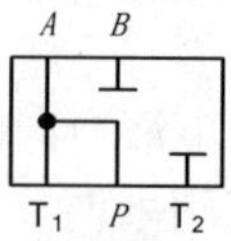
X	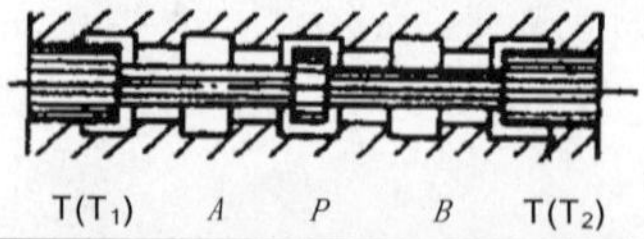	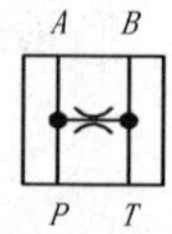	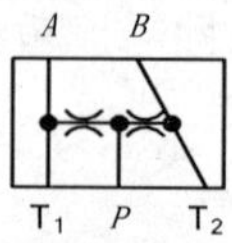
M	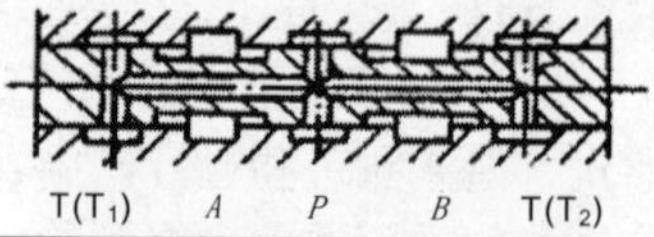	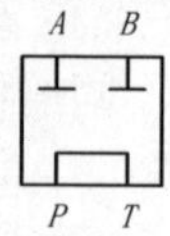	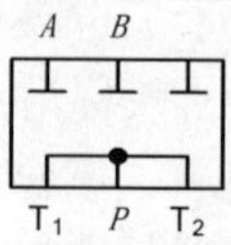
U	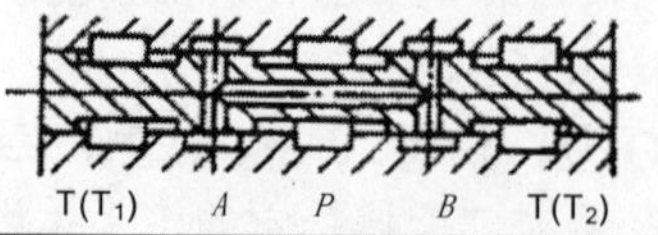	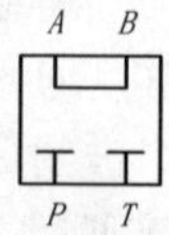	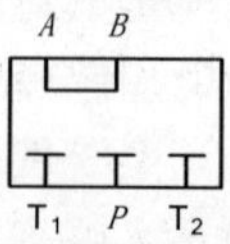

（3）换向精度和换向平稳性。当液压缸 A、B 两口都封闭时，如 O 型、M 型，液压缸的换向精度高，但换向过程中易产生液压冲击，换向平稳性差；反之，当 A、B 两口都与 T 口接通时，如 H 型、Y 型，换向过程中执行元件不易迅速制动，换向精度低，但换向时液压冲击小，平稳性好。

（4）启动平稳性。换向阀在中位时，液压缸的某腔直通油箱，如 H 型、Y 型，缸启动时腔内因无足够的油液起缓冲作用，启动不平稳。反之，如 O 型、P 型、M 型启动平稳性好。

（5）差动连接。当 P 与 A、B 两口相通，如中位为 P 型，A、B 两口分别接单活塞杆液压缸左右两腔时，当换向阀于中位时，故可用作差动回路。

（6）液压缸的停止和浮动。当 A、B 两口封闭或与 P 口相通（非差动连接情况时），如 O 型、M 型、P 型，则可使液压缸在任意位置处停止；反之，当 A、B 两口互通时，液压缸两腔连通，如 H 型、Y 型，卧式液压缸成浮动状态，可利用机械装置移动工作台，调整其位置。

4. 转阀

转阀是利用阀芯与阀体的相对转动来实现油路的通断或切换的换向阀。一般采用手动或机动操纵阀芯转动。如图 5-12 所示为三位四通转阀的工作原理图。图（b）位置时，四个油口均被封闭。若利用手柄将阀芯 1 顺时针方向转动 45°处于图（a）位置时，油口 P 和 B 相通，A 和 T 相通；逆时针方向转动 45°处于图（c）位置时，油口 P 和 A 相通，B 和 T 相通，实现液流反向。

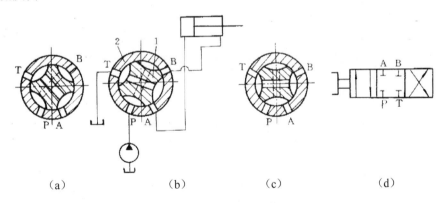

（a）　　　　　　　（b）　　　　　　　（c）　　　　　　　（d）

图 5-12　转阀的工作原理

1—阀芯　2—阀体

转阀阀芯上的径向液压力是不平衡的，转动较费力，而且内部密封也较差，一般只适用于低压、小流量系统。常用作先导阀或小流量换向阀。

5. 换向阀的应用

换向阀是各类程序控制的基本元件，任何一个液压系统均设有换向阀。不同类型的换向要求，要选择不同种类与型号的换向阀。如利用换向阀实现执行元件换向；利用换向阀不同中位机能实现对系统不同控制等，这些将在第 7 章作详细介绍。

5.3　压力控制阀

压力控制阀是指通过控制油液压力高低或利用压力变化来实现某种动作的阀，简称压力阀。压力阀都是利用液体压力对阀芯产生的液压作用力与弹簧力相平衡的原理，来自动调节阀开口的大小，从而实现控制系统压力的目的。

常见的压力控制阀按共用可分为溢流阀、减压阀、顺序阀和压力继电器等。

5.3.1　溢流阀

当液压执行元件不动时，泵排出的油因无处可去而形成一密闭系统。理论上液压油的压力将一直增至无限大。实际上压力将增至液压元件破裂为止；或电机为维持定转速运转，输出电流将无限增大至电机烧掉为止。前者使液压系统破坏，液压油四溅；后者会引起火灾。因此，要绝对避免或防止上述现象发生的方法就是在执行元件不动时，给系统提供一条旁路使液压油能经此路回到油箱，它就是"溢流阀（Relief valve）"。溢流阀是通过对油液的溢流，使液压系统的压力维持恒定，从而实现系统的稳压、调压、限压和安全。根据结构的不同，液压系统中常用的溢流阀有直动式和先导式两种。

1.　直动式溢流阀

（1）直动式溢流阀工作原理。图 5-13（a）所示为直动式溢流阀结构图。P 是进油口，T 是回油口，压力油由 P 口进入阀体，并经阻尼孔 a 进入阀芯 3 的下端油腔。设阀芯 1 下端的有效面积为 A，压力油作用于阀芯底部的液压力为 p_A，调压弹簧 2 的作用力为 F_s。当进油压力较小时，阀芯在弹簧 2 的作用下处于下端位置，将 P 和 T 两油口隔开。当油液压力升高，在阀芯下端所产生的作用力超过弹簧的预紧力 F_s 时，阀口被打开，将多余油液排回油箱（溢流），进油口压力 p 不再升高，阀芯停止在某一平衡位置上。

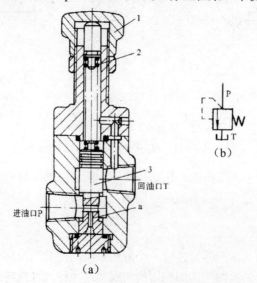

图 5-13　直动式溢流阀

1—调压螺帽　2—调压弹簧　3—阀芯

（2）溢流阀的稳压作用。当在工作过程中由于某外负载升高，引起溢流阀进油口压力 p 突然升高时，阀芯底部油腔的压力也升高，这样就破坏了阀芯初始的平衡状态，阀芯上移至某一新平衡位置，阀口开度加大，便使经溢流阀 T 口流回油箱的油液增多，因而使瞬时升高的进油口压力又很快降下来，并基本上回到原来的调定值上；反之，当进油口压力突然降低（但仍然大于阀的开启压力）时，阀芯底部油腔的压力也降低，这样就又破坏了阀芯初始的平衡状态，于是阀芯下移至某一新平衡位置，阀口开度减小，便使经溢流阀 T 口流回油箱的油液减少，从而使瞬时下降的进油口压力又很快上升，并基本上回升到原来的调定值上。由此可以看出：在工作过程中由于某种原因（如惯性、外负载变化）引起溢流阀进油口压力 p 发生波动时，经过溢流阀自身的自动调节，可使进油口压力 p 基本维持恒定，这就是溢流阀的稳压过程。阀芯上的阻尼孔 a 的作用是增加液阻减小阀芯动作过程引起的振动，提高阀工作的稳定性。经阀芯周围间隙进入阀芯上腔的油液经内泄油口与回油口接通，保证上腔不产生油压。因此，溢流阀从使用与泄油两方面都必须接油箱。

（3）直动式溢流阀的特征。由上可见，直动式溢流阀阀口的启闭和开度大小，是利用液压作用力直接与弹簧力相平衡的原理来控制的，故称直动式溢流阀。调压螺帽 1 可以改变调压弹簧 2 的预紧力，这样也就调整了溢流阀进口处的油液压力 p。改变弹簧的刚度，便可以改变调压范围。然而，若用直动式溢流阀控制较高压力时，因需用刚度较大的弹簧，而导致调节困难，油压波动较大。因此，直动式溢流阀一般只用于低压小流量系统或作为先导阀使用。

2. 先导式溢流阀

如图 5-14 所示，先导式溢流阀主要由主阀和先导阀两部分组成，先导阀实际是一个锥阀形的直动式溢流阀，用于调节主阀上腔的压力，主阀控制溢流量，并维持系统压力恒定。先导式溢流阀和直动式溢流阀的作用是相同的，即在溢流的同时定压和稳压。

（1）先导型溢流阀工作原理。先导式溢流阀其主要特点是利用主阀，平衡活塞上、下两腔油液压力差和弹簧力相平衡。压力油从进油口 P 进入后，经主阀芯 5 的 f 孔流入阀芯的下端，并对阀芯产生向上的液压作用力。同时还通过阻尼孔 e 流入并充满主阀芯的上腔和经孔 c 流入先导阀阀芯右腔，并作用在主阀芯 5 的上端和先导阀阀芯 3 的锥面上。当压力较低时，作用在先导阀锥阀上的压力不足以克服调压弹簧力，先导阀处于关闭状态，此时没有压力油通过主阀芯上的阻尼孔流动，故主阀芯上、下两腔压力相等，主阀芯在弹簧力的作用下轻轻地顶在阀座上，压力油进油 P 口和溢流口 T 不通。一般，安装在主阀芯内的弹簧刚度很小。

如果压力口压力升高到超过先导阀开启压力时，先导阀打开，压力油经主阀阀芯上的阻尼孔 e、孔 c、孔 d 和先导阀、从回油口（溢流口）T 流回油箱。由于压力油通过阻尼孔流动时会产生压力降，因此主阀阀芯的上腔油压力小于下腔油压力，使主阀上、下两腔的压力差对主阀形成的向上的液压作用力，但由于先导阀泄漏量小，该向上液压作用力仍小于弹簧 4 的作用力。当进油压力继续升高时，先导阀阀口的开度加大，泄油量增多，通过阻尼孔的流量增加，则阻尼孔压力降增大，致使主阀芯上、下两腔的油压力差所形成向上的液压力升高超过弹簧的预紧力和主阀阀芯的摩擦阻力及主阀阀芯自重等力的总和，主阀阀芯上移，使压力油进口 P 和溢流口 T 相通，大量压力油便由溢流口流回油箱，此后，溢流阀进油口压力不再升高，此时溢流阀的进油口压力 p 即为主阀的开启压力；主阀芯处于某一平衡位置，并维持压力恒定。这就是先导式溢流阀的定压原理，其稳压过程与直动式溢流阀相同。这里不再重述。如果调节螺母 1，改变调压弹簧 2 的预紧力，溢流阀进油口压力（即调定压力）也随之变化。更换不同刚度的调压弹簧，便能得到不同的调压范围。

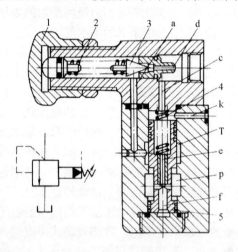

图 5-14　先导式溢流阀

　　根据液流连续性原理，流经阻尼孔的流量即为流出先导阀的流量。这一部分流量通常称为泄油量。因为阻尼孔很小，所以泄油量只占全溢流量的极小的一部分，绝大部分油液均经主阀口溢回油箱。在先导式溢流阀中，先导阀的作用是控制和调节溢流压力，只通过泄油，其阀口直径较小，即使在较高压力的情况下，作用在锥阀芯上的液压推力也不很大，因此调压弹簧的刚度不必很大，压力调整也就比较轻便。主阀芯是靠压差作用，主阀弹簧是刚度很小的复位弹簧，当溢流量变化引起弹簧压缩量变化时，进油口的压力变化不大，故先导式溢流阀调节压力较大，稳压性能优于直动式溢流阀，但其灵敏度要低于直动式溢流阀。

　　（2）先导式溢流阀远程控制口的三种功用。先导式溢流阀都有一个远程控制口 k（外控口），平时用丝堵或座板（见图 5-14）堵死。需遥控时，将此口打开，接上油管，使它在油路中起到不同的作用。

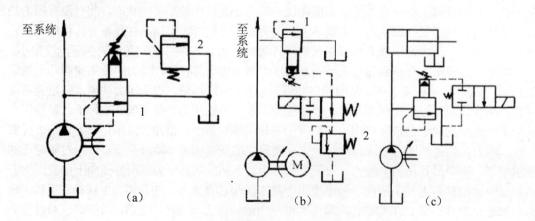

图 5-15　先导式溢流阀远程控制口的三种功用

1—先导式溢流阀　2—远程调压阀

ⅰ可远程调压。机械设备液压系统中的液压泵、液压阀通常都组装在液压站上，为使操作人员就近调压方便，可按图 5-15（a）所示，在控制工作台上安装一远程调压阀 2（实际就是一个小溢流量的直动式溢流阀），并将其进油口与安装在液压站上的先导式溢流阀 1 的外控口 K 相连。这相当于给先导式溢流阀除自身的先导阀外，又加接了一个先导阀，即远程调压阀（一般为直动式溢流阀）。主阀芯上腔的油压只要达到远程调压阀的调定压力，主阀芯即可抬起溢流，所以调节远程调压阀便可对先导式溢流阀实现远程调压了。显然，远程调压阀所能调节的最高压力不得超过溢流阀自身先导阀的调定压力。另外，为了获得较好的远程控制效果，还需注意二阀之间的油管不宜太长（最好在 3 m 之内），要尽量减小管内的压力损失，并防止管道振动。

ⅱ多级调压。如果在远程控制口处接换向阀后再接远程调压阀，如图 5-15（b）所示为多级调压回路，利用电磁换向阀可调出两种回路压力，注意最大压力一定要在主溢流阀上设定。如果在远程控制口继续并联若干换向阀后接不同的远程调压阀，则可以实现更多级调定的压力。

ⅲ使泵和系统卸荷。如图 5-15（c）将先导式溢流阀的远程控制口接二位二通电磁换向阀后直接回油箱。先导式溢流阀对液压泵起溢流稳压作用。当二位二通阀的电磁铁通电后，溢流阀的外控口即接油箱，泵输出的油液便在极低压力下经溢流阀回油箱，这时，液压泵接近于空载运转，功耗很小，即处于卸载状态。这种卸荷方法所用的二位二通阀可以是通径很小的换向阀。

3. 溢流阀的应用

（1）稳压、溢流。如图 5-16（a）在定量泵的液压系统中，常利用流量控制阀调节进入液压缸的流量，溢流阀通常就近与泵并联，多余的压力油可经溢流阀流回油箱，而在溢流的同时稳定了泵的供油压力，这样可使泵的工作压力保持定值。这也是溢流阀最基本的用法。

（2）安全阀。如图 5-16（b）所示液压系统，系统采用变量泵供油，在正常工作状态下，系统内没有多余的油液需溢流，溢流阀是关闭的。与泵并联的溢流阀只有在过载时，系统压力大于其调整压力，溢流阀才被打开，液油溢流，对系统起过载保护作用，以保障系统的安全。故此系统中的溢流阀又称为安全阀，它是常闭的。

（3）背压阀。在图 5-16（a）系统中，将溢流阀 2 串联安装在系统的回油路上，可对回油产生阻力，即造成执行元件的背压。回油路存在一定的背压，可以提高执行元件的运动稳定性。

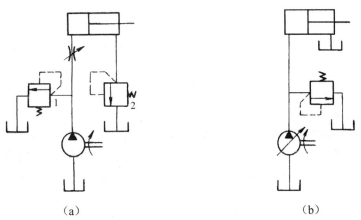

（a）　　　　　　　　　　　　　　　　　（b）

图 5-16　溢流阀的应用

所以，溢流阀在液压系统中能起到溢流稳压、过载保护和使液压缸回油腔形成背压的作用。此外，对于先导式溢流阀远程控制口在回路中还起到三种功用：可远程调压、多级调压、使泵和系统卸荷。

5.3.2　减压阀

当液压系统中，常有一个液压泵向几个执行元件供油，且其中之一需要比泵工作压力低的稳定压力，同时其他的执行元件仍需高压运作时，就得在需要得到低压的执行元件所在油路上串联一个减压阀来实现。使其出口压力降低且恒定的减压阀称为定压（定值）减压阀，简称减压阀；使其进口压力与出口压力之差恒定的减压阀称为定差减压阀；使其进口压力与出口压力之比恒定的减压阀称为定比减压阀。最常用的是定压减压阀，这里只介绍定压减压阀，它有直动式和先导式两种，先导式性能较好，应用较多。

1. 定压减压阀的结构和工作原理

如图 5-17 所示为先导型减压阀，由主阀和先导阀组成，先导阀负责调节主阀出口压力，主阀负责减压、稳压作用。减压阀进口的压力 P_1（又称一次压力），一般由溢流阀调定，出口压力 P_2（又称二次压力），由所控制油路执行元件的负载决定，并随负载变化。

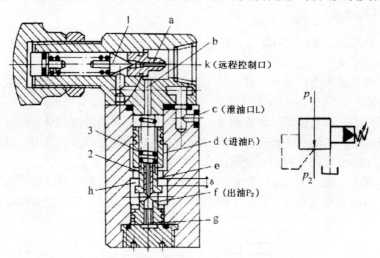

图 5-17　先导式定压减压阀
1—先导锥阀　2—主阀芯　3—主阀弹簧

减压阀主阀阀芯 2 有三个凸肩（两个凹槽），其阀口（减压口）是常通的。压力油由 P_1 流入，经主阀和阀体所形成的减压缝隙（减压口）减压后从 P_2 流出。出口压力经 g 孔流入主阀下腔，同时经主阀芯阻尼孔 e 进入主阀芯上腔，并经孔 b 和孔 a 作用在先导阀 1 锥面上。当减压油路的负载较小时，出口压力低于先阀的调定的开启压力时，先导阀关闭，主阀阀芯 3 左、右两腔压力相等，主阀阀芯被主阀弹簧力作用推至最下端，主阀阀芯中间的凸肩和阀体所构成的减压口 δ 为最大，阀口全部打开，压降最小，减压阀处于非工作状态，减压阀无减压作用，此时阀的出口压力 P_2 与进口压力 P_1 相等；当负载增加，出口压力 P_2 上升到超过先导阀弹簧所调定的开启压力时，先导阀阀口打开，压力油经主阀芯上腔、先导阀和排泄口

L 流回油箱，由于有油液流过阻尼孔 e，使主阀芯上、下两端产生压力差，主阀芯便在此压力差的作用下克服弹簧力而上移，减压口的开度 δ 减小，压降增加，使出口压力 P_2 将低，直到等于先导阀的调定压力为止，主阀芯处于某一平衡位置上，此时减压阀保持一定的开度，出口压力 P_2 保持在调定值。

如果外界干扰使进口压力 P_1 上升，则出口压力 P_2 也跟着上升，从而使主阀阀芯上升，此时出口压力 P_2 又降低，而在新的位置取得平衡，但出口压力始终保持为定值。当减压阀出口油路的油液不再流动时（如加紧油路工件加紧后，负载流量为零），由于先导阀仍然打开，泄油并未停止，所以减压口仍有油液流动，减压阀还是处于工作状态，出口压力 P_2 仍保持在调定压力上基本不变。又当出口压力 P_2 降到调定压力以下时，先导阀关闭，则作用在主阀阀芯内的弹簧力使主阀阀芯向下移动，减压阀口全打开，减压阀不起减压作用。总之，出口压力 P_2 由于外界干扰（进口压力 P_1、外负载或输出流量变化）而变动时，主阀芯将会自动调节减压口的开度，以保持调定的出口压力基本不变。调节螺帽便可获得不同的出口压力 P_2。

先导式减压阀也有远程控制口，若远程控制口外接电磁换向阀和远程调压阀，便可实现多级减压。其原理与先导式溢流阀相同。

2. 减压阀的应用

减压阀应用在液压系统中可获得低于系统压力的二次油路，如夹紧油路、润滑油路和控制油路。必须说明的是，减压阀的出口压力的大小还与出口处负载的大小有关，若因负载建立的压力低于调定压力，则出口压力由负载决定，此时减压阀不起减压作用，进、出压力相等，即减压阀保证出口压力恒定的条件是先导阀开启。

图 5-18 为减压阀用于夹紧，油路的原理图。液压泵 1 输出的压力油由溢流阀 2 调定压力以满足主油路系统的要求。在换向阀 5 处于图示位置时，液压泵经减压阀 3 和单向阀 4 供给夹紧缸压力油，夹紧工件。夹紧工件所需的夹紧力由减压阀来调节。当工件夹紧后，系统向主油路系统供油。单向阀的作用是当泵向主油路系统供油时，使夹紧缸的夹紧力不受液压系统中压力波动的影响。

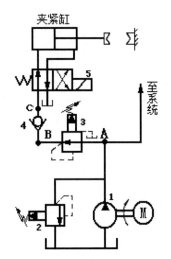

图 5-18　减压阀的应用

1—液压泵　2—溢流阀　3—减压阀　4—单向阀　5—换向阀

为使减压油路正常工作，减压阀的最低调定压力应大于 0.5 MPa，最高调定压力至少应比主油路系统的供油压力低 0.5 MPa。另外还要注意，减压阀在持续做减压作用时，会有一部分油（约 1 L/min）经泄油口流回油箱而损失泵的一部分输出流量，故在一系统中，如使用数个减压阀，则必须考虑到泵输出流量的损失问题。

5.3.3　顺序阀

在液压系统中，除了需要进行压力的调控外，还常常需要根据油路压力的变化来控制执行元件之间的动作顺序，这时就要使用顺序阀（Sequence Valve）。顺序阀是使用在一个液压泵供给两个以上液压缸且依一定顺序动作的场合的一种压力阀。顺序阀从结构上可分为直动式和先导式两种，目前较常用的为直动式；从控制方式上可分为内控式和外控式。

1.　顺序阀的工作原理与结构

图 5-19（a）为直动式顺序阀。它的进油口 P_1 和阀芯下腔相通，出油口 P_2 与系统执行元件。当进油压力对阀芯产生的液压作用力小于调压弹簧的作用力时，阀芯处于最下端位置，将进、出口隔断，即阀口关闭；当进油压力 P_1 升高对阀芯产生的液压作用力增至大于弹簧力时，阀芯上移，将进、出油口接通，阀口打开，压力油便从阀口经出油口 P_2 流出进入系统，使执行元件动作。调节调压弹簧的预紧力便可调节顺序阀的调定压力。经阀芯与阀体间的缝隙流入弹簧腔的泄漏油，从外泄口 L 流回油箱。直动式顺序阀的工作压力和通过阀的流量都有一定的限制，最高控制压力也不太高。

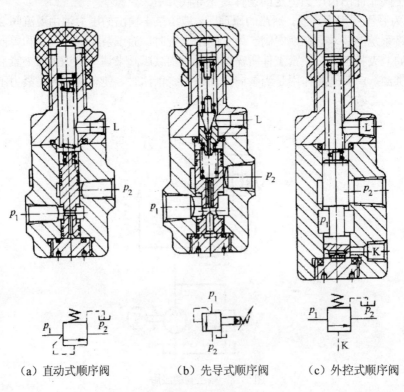

（a）直动式顺序阀　　　（b）先导式顺序阀　　　（c）外控式顺序阀

图 5-19　顺序阀

图 5-19（b）为先导式顺序阀，其与先导式溢流阀大体相似，其工作原理也基本相同，这里不再详述。对性能要求较高的高压大流量系统，需采用先导式顺序阀。先导式顺序阀也有内控外泄、外控外泄和外控内泄等几种不同的控制方法。

图 5-19（c）为外控式液控顺序阀，它与内控式顺序阀的区别在于阀芯上没有与进油口相同的孔，因而进口油液不能进入阀芯下腔。控制阀芯运动的油液由控制 2 口 K 引入，阀芯启闭由控制油液压力是否达到调定值决定。

顺序阀的构造及其工作原理类似溢流阀，区别在于顺序阀出油口 P_2 不接油箱而是接后续的液压执行元件，因此必采用外泄式（即有专门的泄油口 L 单独接油箱）的顺序阀，而内泄式顺序阀只能用于出口接油箱的场合，常用以使泵卸荷，故又称卸荷阀。还有就是顺序阀只有在进口压力低于调定值时阀口全闭和进口油压达到调定值时阀口开启，从而使后续执行元件动作这两种状态，而溢流阀有自动恒压调节作用。另外，顺序阀为使执行元件准确地实现顺序动作，要求阀的调压偏差小，因此调压弹簧的刚度要小，阀在关闭状态下的内泄漏量也要小。上述两种原因使顺序阀阀口的封油长度必大于溢流阀。

2. 顺序阀的应用

应用顺序阀，可以使两个以上的执行元件按预定的顺序动作。并可将顺序阀用作背压阀、平衡阀、卸荷阀或用来保证油路最低工作压力。

（1）使元件产生顺序动作。如图 5-20（a）所示，为夹具上实现定位和夹紧的液压控制回路，其前进的动作顺序是先定位后夹紧，后退是同时退后。油液经二位四通电磁换向阀常态位进入定位缸无杆腔，实现定位动作。这个过程中由于压力未达到顺序阀调定值，故夹紧缸不动。待定位完成，油压升高，达到顺序阀调定值时，顺序阀开启，油液经顺序阀进入夹紧缸，进行夹紧。为保证可靠工作，顺序阀调定值应大于定位缸 0.5～0.8MPa。

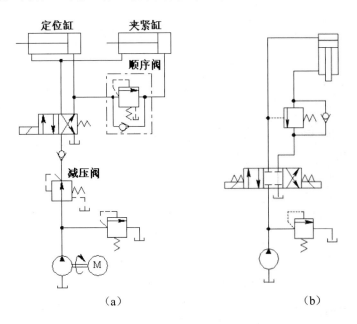

（a）　　　　　　　　　　　　　　（b）

图 5-20　顺序阀的应用

（2）起平衡阀的作用。在大形压床上由于压柱及上模很重，为防止因自重而产生的自走现象，因此必须加装单向顺序阀作平衡阀（顺序阀），如图 5-20（b）所示。在换向阀处在中位时，无论活塞上重量如何增大，也能在任意位置停留并被锁住。当换向阀左位工作，使活塞下行时，可以打开顺序阀，减少功率损失。

5.3.4　压力继电器

在电液结合控制的系统中，经常需要将一种形式信号转换成另一形式的信号，这时就需要信号转换元件。压力继电器是一种将液压系统的压力信号转换为电信号输出的元件。根据液压系统压力的变化，通过压力继电器内的微动开关自动接通或断开电气线路，实现油路要求。任何压力继电器都由压力-位移转换装置和微动开关两部分组成。压力继电器按结构特点可分为柱塞式、弹簧管式、膜片式和波纹管式四类，其中以柱塞式最常用。

1. 压力继电器的工作原理与结构

图 5-21（a）所示为单触点柱塞式压力继电器。压力油从油口 P 通入作用在柱塞 5 底部，其压力达到弹簧的预紧力时，便克服弹簧阻力和柱塞摩擦力推动柱塞上升，通过顶杆 3 触动微动开关 1 发出信号。限位挡块 4 可在压力超载时保护微动开关。当液压力小于弹簧预紧力时，微动开关触头复位。开启时，柱塞上移所受到的摩擦力的方向与压力的方向相反，闭合时则相同，显然，压下微动开关触头的压力（开启压力）微动开关比复位的压力（闭合压力）大，存在的差值称为通断调节区。通断调节区间要有足够的数值，否则，系统有压力脉动时，压力继电器发出的电讯号会时断时续。为此，有的产品在结构上可人为地调整摩擦力的大小，使通断调节区间的数值可调。此差值对压力继电器的正常工作是必要的，但不易过大。图 5-21（b）为压力继电器图形符号。

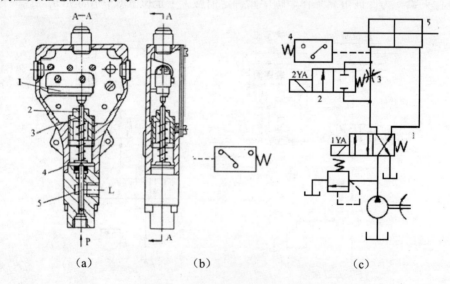

图 5-21　单触点柱塞式压力继电器

2. 压力继电器的应用

当系统压力达到调定值时，压力继电器通过压力继电器内的微动开关发出电信号来控制电气线路，可实现泵的加载或卸荷、执行元件的顺序控制、安全保护和元件动作连锁等功能。

如图 5-21（c）中压力继电器使执行元件实现顺序动作，1YA、2YA 通电，缸左腔进油、活塞右移实现快进；2YA 断电，液压缸工进；工进至终点，油压升高达到压力继电器调定值时，发出信号使 1YA 断电，2YA 通电，缸油腔进油，活塞左移实现快退。

5.4　流量控制阀

流量控制阀是用于控制液压系统流量的液压阀，简称流量阀。它是通过改变阀口过流断面面积来调节输出流量，从而控制执行元件运动速度的控制阀。常用的流量阀有节流阀、调速阀等。

5.4.1　节流口的流量特性及节流口形式

1. 节流口的流量特性

节流口通常有三种基本形式：薄壁孔、短孔和细长孔，但无论节流口采用何种形式，通过节流口的流量都遵循节流口流量特性公式 $q=KA\Delta p^{m}$。当系数 K 压力差 Δp 和指数 m 不变时，改变节流口的过流断面面积 A 便可调节通过节流口的流量。理论上通过节流口的流量是不变的，实际上流量是有变化的，特别是在小流量时变化较大。影响流量稳定性的主要因素如下。

（1）节流口前后的压力差 Δp 对流量的影响。由于负载变化，引起节流口出口压力变化，而进口压力由溢流阀调定，所以造成节流口前后压力差 Δp 变化，使流量不稳定。指数 m 越小，Δp 变化对流量的影响越小，三种形式节流口中薄壁孔 m 值最小，所以薄壁孔受压力差变化最小。

（2）油温对流量的影响。油温变化影响粘度变化，从而影响流量的稳定性，薄壁孔的 K 值与粘度关系很小，而细长孔的 K 值与粘度关系大，所以薄壁孔的流量受油温影响很小。

（3）节流口的堵塞。节流口可能因油液中的杂质、由于油液高温氧化后析出的胶质、沥青，以及油液老化或受到挤压后产生带电极化分子，对金属表面的吸附，在节流口表面逐步形成附着层，常会造成节流口的局部堵塞，它不断的堆积又不断被高速液流冲掉，这就不断改变过流断面面积的大小，使流量不稳定（周期性脉动），尤其是开口较小时，这一影响更为突出，严重时会完全堵塞而出现断流现象。因此节流口的抗堵塞性能也是影响流量稳定性的重要因素，尤其会影响流量阀的最小稳定流量。所谓流量阀的最小稳定流量是指流量阀能正常工作（指无断流且流量变化不大于 10%）的最小流量限制值。一般流量控制阀的最小稳定流量为 0.05 L/min。一般节流口过流断面面积越大、节流通道越短和水利直径越大，越不容易堵塞。当然油液的清洁度也对堵塞产生影响，一般要求过滤精度为 5～10 μm，采用磁性滤油器；定期更换油液等。

由以上分析，为保证流量稳定，节流口的形式以薄壁小孔较为理想。

2. 节流口形式

图 5-22 为几种常用的节流口形式。图（a）为针阀式节流口，当针阀作轴向移动时，便

可改变节流口开度的大小。它结构简单、节流通道较长、水力直径小、易堵塞、流量受油温的影响大。图（b）为偏心槽式节流口，在阀芯上开有三角形截面的偏心槽，转动阀芯便可调节流量。它结构简单、制造容易、但作用在阀芯上的径向液压力不平衡、转动阀芯较费力，流量不大和对流量稳定性要求不高的场合。图（c）为轴向三角沟槽式节流口，在阀芯的端部开有两个轴向三角形斜槽，阀芯轴向移动时便可调节流量。它结构简单、工艺性好、水力直径中等、可得到较小的稳定流量、调速范围较大、阀芯上的径向液压力平衡、调节时需力较小，但节流通道有一定的长度，油温变化对流量有一定影响，目前被广泛应用。图（d）为周向缝隙式节流口，阀芯为空心薄壁型，在阀芯圆周方向上开有一条宽度不等的狭槽，压力油从狭槽流入阀芯内孔，转动阀芯便可改变狭槽的过流断面面积大小。这种结构形式接近于薄壁小孔，故其性能较好，适用于对小流量性能要求较高的场合。图（e）为轴向缝隙式节流口，阀芯与阀体间有一衬套，在衬套上开由轴向缝隙，缝壁可以做得很薄（a=0.07～0.09 mm），似薄刃，故称薄刃式，缝隙最小部位的宽度为b=0.13～0.16 mm。阀芯轴向移动时，便能改变过流断面面积的大小。它的节流通道短、水力直径大、不易堵塞、油温对流量变化影响小，小流量时稳定性好。

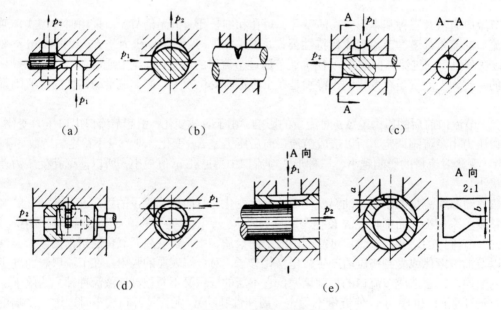

图 5-22　节流口的形式

5.4.2　节流阀

1. 节流阀的结构及工作原理

节流阀（Throttle valve）是根据节流口流量特性原理所作出的，如图 5-23 所示为节流阀的结构，液压油从进油口 P_1 流入，经节流口从出油口 P_2 流出。这种节流阀的节流通道呈轴向三角沟槽式。阀芯在弹簧的作用下始终贴紧在推杆上。调节手柄，借助推杆可使阀芯作轴向移动，改变节流口的节流面积的大小，从而改变流量大小以达到调速的目的。图中油压平衡用孔道在于减小作用于手柄上的力，使滑轴上、下油压平衡。

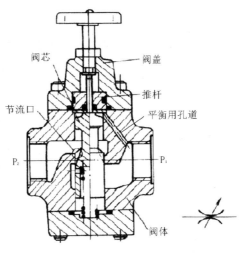

图 5-23　节流阀

2. 节流阀的压力特性

如图 5-24（a）所示的液压系统未装节流阀，若推动活塞前进所需最低工作压力为 1MPa，则当活塞前进时，压力表指示的压力为 1 MPa；在液压传动系统中装了节流阀控制活塞前进速度如图 5-24（b），当活塞前进时，节流阀与溢流阀并联与液压泵的出口，节流阀入口压力会上升到溢流阀所调定的压力，溢流阀被打开，一部分油液经溢流阀流入油箱，构成恒压油源，使泵出口的压力恒定。液压泵输出流量不变，是流经节流阀进入液压缸的流量和流经溢流阀的流量之和。由此可见，通过调节节流阀的液阻，来改变进入液压缸的流量，从而调节液压缸的运动速度，多余的油液经溢流阀流回油箱；但若在回路中仅有节流阀而没有与之并联的溢流阀，如图 5-24（c）所示，则节流阀就起不到调节流量的作用。液压泵输出的液压油全部经节流阀进入液压缸。改变节流阀节流口大小，只是改变液流流经节流阀的压力力降。节流口小，流速快；节流口大，流速慢，而总的流量是不变的，因此液压缸速度不变。所以，节流元件用来调节流量是有条件的，即要求一个接受节流元件压力信号的环节（与之并联的溢流阀或恒压变量泵），通过这一环节来补偿节流元件的流量变化。

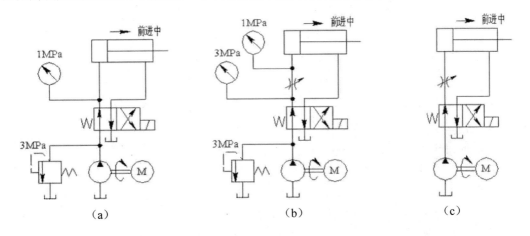

图 5-24　节流阀压力特性

3. 节流阀特性

节流阀的主要结构是节流口，当然遵循节流口流量特性公式 $q=KA\Delta p^m$。所以以上分析节流口影响流量稳定性的三点原因，同样存在于节流阀。

节流阀结构简单、制造容易、体积小。但负载和温度变化对流量稳定性影响大，因此，只适用于负载和温度变化不大或速度稳定性要求低的液压系统。

5.4.3 调速阀

调速阀是由定差减压阀与节流阀串联而成的组合阀。节流阀用来调节通过的流量，定差减压阀则自动补偿负载变化的影响，始终保持节流阀前后的压差为定值，消除了负载变化对流量的影响。

如图 5-25 所示为调速阀的结构原理图。调速阀进油口压力为 p_1，由泵出口处的溢流阀调定，基本保持恒定。压力油进入调速阀，先经过定差减压阀的阀口 x（压力由 p_1 减至 p_2），然后经过节流阀阀口 y 流出，出口压力为 p_3。从图中可以看到，节流阀进、出口压力 p_2 和 p_3 经过阀体上的流道被引到定差减压阀阀芯的两端（p_3 引到阀芯弹簧端，p_2 引到阀芯无弹簧端），作用在定差减压阀阀芯上的力包括液压力和弹簧力。

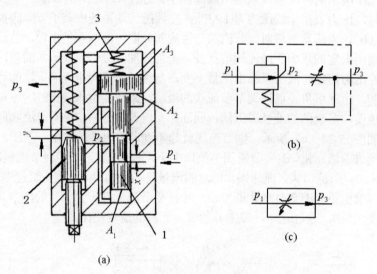

图 5-25 调速阀的结构原理图
1—定差减压阀阀芯 2—节流阀阀芯 3—弹簧

调速阀工作活塞处于平衡状态时，其方程为 $\qquad F_s+A_3 \cdot p_3=(A_1+A_2)p_2$

式中 F_s——弹簧力。

在设计时确定 $\qquad A_3=A_1+A_2$

所以有 $\qquad \Delta p = p_2 - p_3 = \dfrac{F_s}{A_3}$

由于定差减压阀的弹簧刚度很小，工作时阀芯的移动量也很小，故弹簧力 Fs 的变化也很小，因此节流阀前后的压力差基本保持不变。这就使得调速阀的流量只随节流口开度大小而改变，而与负载变化无关。此时只要将弹簧力固定，则在油温无什么变化时，输出流量就可固定。另外，要使阀能在工作区正常动作，进、出口间压力差要在 0.5～1 MPa 以上。

当调速阀进、出油口压力 p_1 和 p_3 受负载影响而变化时，将引起减压阀芯上下移动，从而改变减压口的开度，使减压阀出口压力 p_2 相应的发生变化，并保持节流阀前后的压力差恒定不变。定差减压阀起自动压力补偿作用。

调速阀与节流阀的特性比较如图 5-26 所示。节流阀的流量随阀进、出口压力差 Δp 变化较大。而调速阀当压力差很小时，定差减压阀最下端、减压口全开，不起减压作用，与节流阀相同；当压力差大于一定值时，流量基本不变。

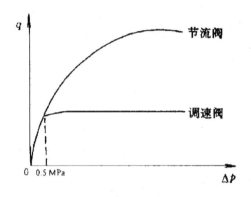

图 5-26　流量阀的流量特性曲线

因此调速阀适用于负载变化较大，速度控制精度高，速度平稳性要求较高的液压系统。例如，各类组合机床，车床，铣床等设备的液压系统常用调速阀调速。

以上讲的调速阀是压力补偿调速阀，即不管负载如何变化，通过调速阀内部具有的活塞和弹簧来使主节流口的前后压差保持固定，从而控制通过节流阀的流量维持不变。另外，还有温度补偿流量调速阀，它能在油温变化的情况下，保持通过阀的流量不变。

5.5　新型液压元件

插装阀和叠加阀是近几年才得到较大发展的液压控制阀。与手控液压阀相比，它们有各自突出的优点。因此，必将以更快的速度在各类液压设备中应用。

5.5.1　插装阀

随着液压技术向高压、大流量和集成化方向发展，传统的液压元件由于受到压力、流量、灵活性等因素的限制已不能满足发展需要。因而出现了插装阀这种新的液压回路技术。液压插装阀是由插装式基本单元（简称插件体）和带有引导油路的阀盖所组成的。液压插装阀按回路的用途，装配不同的插件体及阀盖来进行方向、流量或压力的控制。

插装阀是 20 世纪 70 年代初才出现的一种新型液压元件，为一多功能、标准化、通用化程度相当高的液压元件。它的特点是通流能力大、密封性能好、动作灵敏，并且结构简单。适用于钢铁设备、塑胶成型机以及船舶等流量要求较大或对密封性能要求较高的系统中。

1. 插装阀的结构与工作原理

（1）插装阀的结构。由插装阀所组装成的液压回路通常含有下列基本元件：油路板、插件体、盖板、引导阀等。所谓油路板，是指在方块钢体上挖有阀孔，用以承装插装阀的集成块，如图 5-27（a）所示，图 5-27（b）为插装阀的职能符号。图 5-28 为常见油路板上主要阀孔和控制通道，X、Y 为控制液压油油路，F 为承装插件体的阀孔，A、B 口是配合插件体的液压工作油路；插件体主要由锥形阀、弹簧套管、弹簧及若干个密封垫圈所构成，如图 5-27 所示。插件体本身有两个主通道，是用于配合油路板上 A、B 通路的；盖板安装在插件体的上面，其内有控制油路，它和油路板上 X、Y 控制油路相通以作为引导压力或泄油，以使插件体做开闭之功能。控制油路中还有阻尼孔，用以改善阀的动态特性；引导阀为控制插装阀动作的小型电磁换向阀或压力控制阀，叠装在阀盖上。

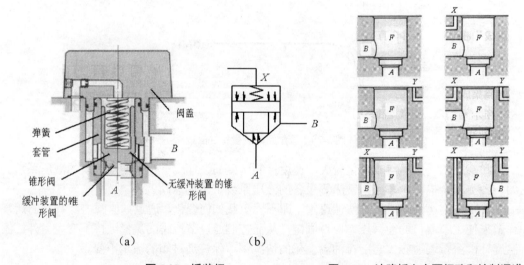

图 5-27　插装阀　　　　　　　　图 5-28　油路板上主要阀孔和控制通道

（2）插装阀的动作原理。图 5-27 所示，插件体只有两个主通道 A 和 B，锥形阀的开闭决定 A 口和 B 口的通断，故插装阀亦称为二通插件阀。在锥形阀上有两个受压面面积 A_A 和 A_B，分别和 A 口、B 口相通；有控制口 X 作用在弹簧上，其受压面积为 A_X，很显然有 $A_X = A_A + A_B$，如果设 A、B、X 油口所通油腔的油液压力为 p_A、p_B、p_X；有效面积分别为 A_A、A_B、A_X；Fs 表示弹簧预压力。如不考虑锥阀的质量、液动力和摩擦力等因素的影响，在 p_A、p_B、p_X 均为某一值时，阀口通断情况为：当 $A_X \cdot p_X + Fs > A_A \cdot p_A + A_B \cdot p_B$ 时，锥形阀关闭，A 口和 B 口通路被切断。所以当 $p_A = p_B = 0$ 时，阀闭合；当 $A_X \cdot p_X + Fs < A_A \cdot p_A + A_B \cdot p_B$ 时，锥形阀上升，A 口和 B 口相通，所以 A 口或 B 口的压力都有可能单独使锥形阀打开。也就是说，当 p_A、p_B 一定时，A、B 油路的通断可以由控制油口的油压 p_X 来控制。当控制油口 X 接通油箱时，$p_X = 0$，锥阀下部的液压力超过弹簧力时，锥阀即打开，使 A、B 接通。这时若 $p_A > p_B$，则油液由 A 流向 B；若 $p_A < p_B$ 时，则油液由 B 流向 A。当然，如 $A_X / A_A = 1$，则锥形阀为直筒形，此时压力油只能由 A 流向 B。当 $p_X \geq p_A$，$p_X \geq p_B$ 时，锥阀关闭，A、B 不通。使锥形阀打开的最小压力为锥形阀的开启压力，此开启压力和 A_A 或 A_B 面积大小及弹簧预压力 Fs 有关，通常开启压力可在 0.03～0.4 MPa 范围内。

根据不同需要，插装阀锥阀芯上可开阻尼孔，端部可开节流三角槽等。将插装阀进行相应组合，并将小流量方向阀、压力阀作为先导阀等，就可以组合成方向控制阀、压力控制阀和流量控制阀。对插装阀组合油路进行相应调控，可以实现不同控制功能。

2. 插装式方向控制阀

（1）插装式单向阀和液控单向阀。将插装锥阀的 A 或 B 油口与控制口 X 直接连通时，即构成大流量单向阀。图 5-29（a）中，A 与 X 连通，可以阻断油液从 A 流向 B。图 5-29（b）中，B 与 X 连通，可以阻断油液从 B 流向 A。

在盖板上接一个先导二位三通液动换向阀，控制锥阀上腔的通油状态，可以构成插装液控单向阀，见图 5-29（c）。K 口无油通入，则为单向阀。当 K 口通入控制油液，使 B 口与锥阀上腔油路断开，且使上腔通油箱，则油液从 B 也可流向 A。

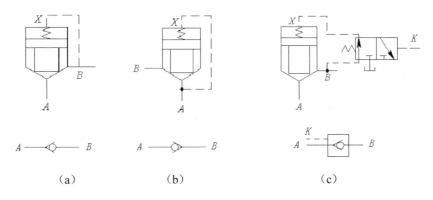

图 5-29　插装式单向阀

（2）插装式换向阀。用一个二位三通电磁阀来转换 X 腔压力，就成为一个二位二通阀，如图 5-30（a）中所示，在电磁阀断电时，液流 A 不能流向 B，如果要使两个方向都起切断作用，可在控制油路中加一个梭阀，如图 5-30（b），梭阀的作用相当于两个单向阀；只要图中的二位三通电磁阀不通电，不管油口 A、B 哪个压力高，锥阀始终可靠的关闭。

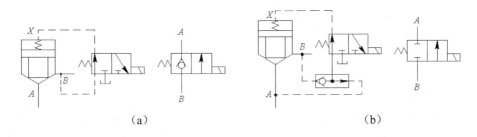

图 5-30　插装式二位二通阀

此外，将两个锥阀单元再加上一个电磁先导阀就组成一个三通阀，用四个锥阀单元相应的先导阀就组成一个四通阀等这里不再一一举例。

3. 插装式压力控制阀

图 5-31（a）、（b）为插装式溢流阀外观和结构图，图 5-31（c）为插装式溢流阀的原理图。A 腔液压油经阻尼小孔进入控制口 X，并与先导压力阀进口相通，B 腔接油箱，这样锥

阀的开启压力可由先导压力阀来调节。其工作原理与先导式溢流阀完全相同。另外，当 B 腔不接油箱而接负载时，就成为一个顺序阀。

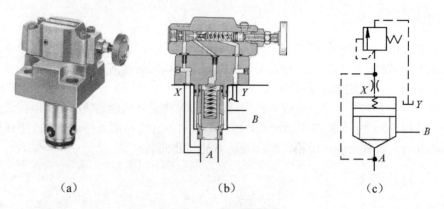

（a）　　　　　　　（b）　　　　　　　（c）

图 5-31　插装式溢流阀

4. 插装式流量控制阀

若用机械或电气的方式限制锥阀阀芯的行程，如图 5-32 为插装式流量控制的节流阀，在插装阀的控制盖板上有阀芯限位器，用来调节阀芯的开度，以改变阀口的通流面积的大小，则锥阀可起流量控制阀的作用。若在插装阀前串联一个定差减压阀，则可组成插装式调速阀。

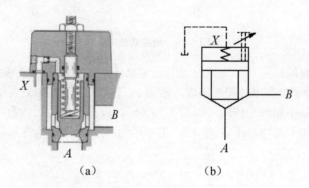

（a）　　　　　　　（b）

图 5-32　插装式流量阀

5.5.2　叠加阀

叠加式液压阀简称叠加阀（Modular valves）。早期叠加阀是用来做插装阀的先导阀，后来发展成为一种全新的阀类。它是以板式阀为基础，单个叠加阀的工作原理与普通阀完全相同。它的最大特点是阀体本身除容纳阀芯外，还兼有通道体的作用，每个阀体上都制有公共油液通道，各阀芯相应油口在阀体内与公共油道相接。所以它不仅可以起到单个阀的功能，而且还能沟通阀与阀之间的流道。

用叠加阀组成的液压系统是采用堆叠的方式形成各种液压回路的。叠加阀在结构上与普通液压阀不同，在规格上自成系列。每一种通径系列的叠加阀其主油路通道和螺栓连接孔的位置都与所选用的相应通径的换向阀相同，因此同一通径的叠加阀都能按要求叠加起来。如图 5-33，用同一规格的叠加阀阀体的上、下安装面进行叠加式无管连接，阀和阀之间采用"O"

形环来作密封装置（但也有些是设计另一块隔板上、下用"O"形环来作为中介媒介层），换向阀安装在最上方，这样可组成集成化液压系统。用叠加阀组成的液压系统具有缩小安装空间、减少漏油和振动、噪声小、回路压力损失较少、节省能源等优点。另外，流经每一个叠加阀的压力损失必须详查供应商资料。

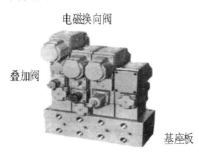

电磁换向阀

叠加阀

基座板

图 5-33　用叠加阀构成的回路

叠加阀的分类与一般液压阀相同，它同样分为压力控制阀、流量控制阀和方向控制阀三大类，其中方向控制阀仅有单向阀类，主换向阀可直接使用同规格的普通换向阀。

5.6　思　考　题

1．普通单向阀与液控单向阀有何区别，在系统中有哪些应用？

2．何谓换向阀的"位"与"通"？画出三位四通电磁换向阀、二位三通机动换向阀及三位五通电液换向阀的职能符号。

3．何谓中位机能？画出"O"型、"M"型和"P"型中位机能，并说明各适用何种场合。

4．如果将先导式溢流阀主阀芯的阻尼孔堵塞，对液压系统会有什么影响？

5．将减压阀的进、出油口反接，会产生什么情形？（分两种情况讨论：压力高于减压阀调定压力和低于调定压力。）

6．试分析顺序阀采用何种排泄型，为什么？

7．背压阀的作用是什么？哪些阀可以做背压阀？

8．如图 5-34 所示，两液压系统中溢流阀的调定压力分别为 p_A=4 MPa，p_B=3 MPa，p_C=5 MPa。试求在系统的负载趋于无限大时，液压泵的工作压力各为多少？

9．在如图 5-18 所示的回路中，溢流阀的调整压力为 5.0 MPa，减压阀的调整压力为 2.5 MPa，试分析下列各情况，并说明减压阀阀口处于什么状态：

（1）夹紧缸在夹紧工作前作空载运动时，不计摩擦力和压力损失，A、B、C 三点的压力各位多少？

（2）夹紧缸使工件夹紧后，主油路截止 A、B、C 点的压力各为多少？

（3）工件夹紧后，当泵压力由于工作缸快进、压力降到 1.5 MPa 时，A、B、C 点的压力为多少？

10．如图 5-35 所示，溢流阀调定压力 p_{s1} = 5 MPa，减压阀的调定压力 p_{s2} = 1.5 MPa，p_{s3} = 3.5 MPa，活塞运动时，负载 F_L=2 000 N，活塞面积 A=20×10^{-4} m^2，减压阀全开时的压力损

失及管路损失忽略不计，活塞运动时及到达终点时，A、B、C 各点的压力是多少？

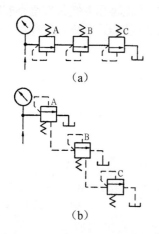

（a）

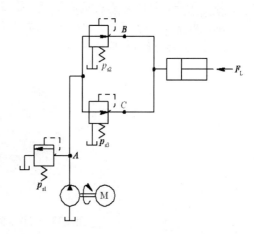

（b）

图 5-34　题 8 图　　　　　　题 5-35　减压阀的并联

11. 如图 5-36 所示，上模重量为 30000 N，活塞下降时回油腔活塞有效面积 $A=60×10^{-4}\,m^2$，溢流阀调定压力 p_s=7 MPa，摩擦阻力、惯性力、管路损失忽略不计。求：

（1）顺序阀的调定压力需要多少？

（2）上模在压缸上端且不动，换向阀在中位时，图中压力表指示的压力是多少？

（3）当活塞下降至上模触到工作物时，图中压力表指示压力是多少？

12. 如图 5-37 所示液压系统，液压缸有效面积 A_1=100×10^{-4} m^2，A_2=100×10^{-4} m^2，液压缸 1 负载 F_L=35 000 N，液压缸 2 活塞运动时负载为零。摩擦损失、惯性力、管路损失忽略不计。溢流阀、顺序阀、减压阀调定压力分别为 4 MPa、3 MPa、2 MPa。求在下列情形之下，A、B 和 C 处的压力：

（1）泵运转后，两换向阀处于中位时；

（2）1DT 线圈通电，液压缸 1 活塞移动到终点时；

（3）1DT 线圈断电，3DT 线圈通电，液压缸 2 活塞运动到尽头时。

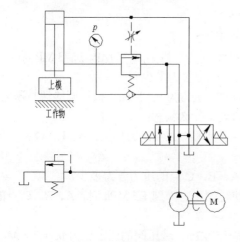

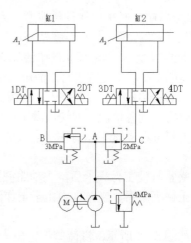

图 5-36　题 11 图　　　　　　　图 5-37　题 12 图

13．何谓叠加阀？ 叠加阀有何特点?

14．插装阀的基本结构和工作原理是什么?

15．如图 5-38 所示为由插装式锥阀组成方向阀的两个例子，如果在阀关闭时，A、B 有压力差，试判断电磁铁得电和断电时，图 5-38 所示的压力油能否开启锥阀而流动，并分析各自是作为何种换向阀使用的。

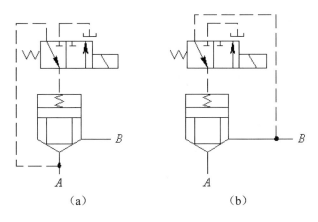

(a)　　　　　　　　(b)

图 5-38　题 15 图

第 6 章　液压辅助元件

在液压系统中，液压辅助元件是指既不直接参与能量转换，也不直接参与方向、压力、流量等的控制的元件或装置，主要包括油管、管接头、油箱、热交换器、滤油器、蓄能器和密封元件等。从液压传动的工作原理来看，这些元件是起辅助作用的，但从保证液压系统正常工作来看，它们却是必不可少的。

6.1　油管和管接头

液压系统通过油管和管接头连接液压元件，保证液压油的循环流动和能量的传递。对它们的基本要求是：有足够的强度、良好的密封性能、能量损失小且装拆使用方便。

6.1.1　油管

1. 油管的种类

油管分硬管和软管两类。油管的种类和适用场合见表 6-1。

表 6-1　油管的种类和适用场合

种　　类		特点和适用场合
硬管	钢管	耐油、耐高压、抗腐蚀、价格低、刚性好，但弯曲和装配均较困难，常在拆装方便处用作压力管道，主要用于中、高压系统或低压系统中装配部位限制少的场合。压力<2.5 MPa 时用焊接钢管，压力>2.5 MPa 时用无缝钢管
	纯铜管	弯曲容易、装配方便、承压能力低（≤10 MPa），抗振能力差、价格昂贵、易使油液氧化变质，常用于仪表和装配不便处
软管	橡胶软管	用于两个相对运动部件的连接油管。分高压和低压两种，高压软管由耐油橡胶夹钢丝编织网制成，层数越多，承受的压力越高，其最高承受压力可达 42 MPa；低压软管由耐油橡胶夹帆布制成，其承受压力在 1.5 MPa，用于回油管路
	尼龙管	乳白色半透明、价格低、使用方便，有软管和硬管两种，其可塑性大，硬管加热后可任意弯曲成形和扩口，冷却后定形，承压能力因材料而异
	塑料管	耐油，质量轻，价格便宜，装配方便，长期使用易老化，只用作回油管和泄油管

硬管用于连接无相对运动的液压元件，常用的有无缝隙钢管和紫铜管。

软管主要用于连接有相对运动的液压元件。通常为耐油橡胶软管，它可分为高压和低压两种。软管装配方便，能吸收液压系统的冲击和振动，但高压软管制造工艺复杂、寿命短、成本高、刚性差，因此在固定元件的连接中，一般不采用高压软管。

2. 油管的安装要求

油管的安装应尽量横平竖直，转弯少，应避免管道的交叉，管道的弯曲半径一般应大于油管外径的 3～5 倍。平行管间至少应留有 100 mm 的间隔以避免振动的影响，并给安装管接头留有足够的空间。液压油管悬伸太长时要有支架支撑，以防振动和碰撞。

软管安装时不允许拧扭，直线安装时要有 30% 左右的伸缩变形余量，软管弯曲半径应不小于软管外径的 9 倍，弯曲处接头的距离至少是外径的 6 倍。

6.1.2　管接头

管接头是油管与油管、油管与液压元件之间的可拆连接件，它必须能在振动、压力冲击下保持管路的密封性，连接牢固，结构紧凑，拆装方便。管接头的品种、规格较多，常用的有以下几种：

1. 焊接式管接头

焊接式管接头的结构如图 6-1（a）所示。它由接头体、螺母和连接管组成。连接时，将管接头的接管与被连接管焊接在一起，接头体用螺纹固定在液压元件上，用螺母将接管和接头体相连接。在接触面上，可采用"O"形密封圈密封（如图所示）或依靠球面与锥面的环形接触实现密封。

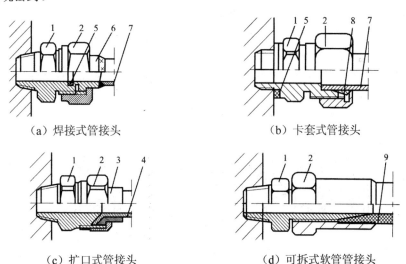

（a）焊接式管接头　　　　　　　（b）卡套式管接头

（c）扩口式管接头　　　　　　　（d）可拆式软管管接头

图 6-1　管接头

1—接头体　2—螺母　3—管套　4—扩口薄管　5—密封垫

6—接管　7—钢管　8—卡套　9—橡胶软管

焊接式管接头制造简单，工作可靠，适用于连接厚壁钢管，如采用"O"形密封圈密封，其工作压力可达 32MPa，应用较多。其缺点上对焊接质量要求较高，拆卸不方便。

2. 卡套式管接头

卡套式管接头的结构如图 6-1（b）所示。它由接头体、螺母、卡套三个基本零件组成，当旋紧螺母时，卡套产生弹性变形夹紧油管进行密封。

卡套式管接头工作比较可靠，拆装方便，不需要事先扩口或焊接，常用于高压系统中，其工作压力可达 32MPa。其缺点是卡套的制造工艺要求高，对连接油管径向尺寸的精度要求较高。

3. 扩口式管接头

扩口式管接头的结构如图 6-1（c）所示。将油管一端扩成喇叭口（约 74°～90°），再用螺母将套管连同油管一起压紧在接头体上形成密封。其结构简单，制造安装方便，适用于紫铜管、薄壁钢管、尼龙管和塑料管等中、低压管件的连接，工作压力一般不超过 8 MPa。

4. 软管管接头

软管管接头有可拆式和扣压式两种，各有 A、B、C 三种形式分别与焊接式、卡套式和扩口式管接头连接使用。胶管接头除要求具备一般管接头的可靠密封性能外，还应具备耐振动、耐冲击、耐反复屈伸等性能。

可拆式软管管接头的结构如图 6-1（d）所示。在装配时先将与螺母配合处的软管外胶层剥除，再将螺母套装在软管上，然后将锥形接头体慢慢旋入，由锥形接头体和螺母上带锯齿形倒内锥面把软管夹紧。这种接头装配简单，不需要专门设备，装配后可拆开，但是工作可靠性较差，只适用于中、低压管路。

5. 快速接头

快速接头全称为快速装拆管接头，图 6-2 所示为油路接通的工作位置。当需要断开油路时，可用力把外套 6 向左推，钢球 8（有 6～12 颗）即从接头体槽中退出，再拉出接头体 10，单向阀的锥形阀芯 4 和 11 分别在弹簧 3 和 12 的作用下将两个阀口关闭，故分开的两段软管均不漏油。这种管接头结构复杂、压力损失大、无需装拆工具、适用于各种液压实验台及经常断开油路的场合。

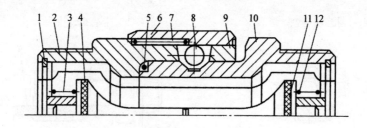

图 6-2　快速接头

1 — 挡圈　2、10 — 接头体　3、7、12 — 弹簧　4、11 — 单向阀阀芯
5 — O 形密封圈　6 — 外套　8 — 钢球　9 — 弹簧圈

各种管接头均已标准化，选用时可查阅有关液压手册。

6.2　油　　箱

油箱是液压系统中用来存储油液、散热、沉淀油中固体杂质和分离油中空气的容器。

6.2.1　油箱的结构

油箱按布置方式分总体式和分离式两种。总体式是利用机械设备的机身内腔作为油箱，结构紧凑，体积小，各处漏油易于回收，但维修、清理不便，油液不易散热，液压系统振动影响主机工作精度。分离式油箱是设置一个独立油箱，与主机分开，克服了总体式的缺点，广泛用于组合机床、自动线和精密机械设备上。

油箱按液面是否与大气相通，分为开式油箱和闭式油箱。开式油箱的液面与大气相通，在液压系统中应用广泛；闭式油箱液面与大气隔离，有隔离式和充气式两种，用于水下设备或气压不稳定的高空设备中。

开式油箱的结构如图 6-3 所示。图中 5 为吸油管，3 为回油管，中间有两个隔板，将吸油区和回油区分开，阻挡沉淀杂物及泡沫进入吸油管。空气滤清器 6 设在回油管一侧的上部，兼有加油和通气的作用。液压泵、电动机和阀的集成装置等可直接固定在顶盖上，亦可安装在图示安装板上。

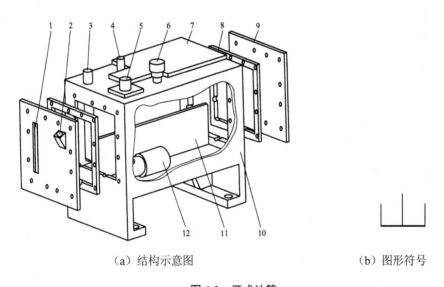

（a）结构示意图　　　　　　　　　　（b）图形符号

图 6-3　开式油箱

1—液面计　2—注油管　3—回油管　4—泄油管　5—吸油管　6—空气滤清器；
7—安装板　8—垫片　9—端盖　10—箱体　11—隔板　12—过滤器

充气式（压力）油箱是将压力为 0.05~0.07 MPa 的压缩空气充入油箱，使油箱中的压力大于外部压力，纯净的压缩空气直接与油液接触，提高了液压系统的抗污染能力和吸油条件。

6.2.2　油箱的容量

油箱要有足够的有效容积。当系统负载较大、长期连续工作时。油箱的有效容积（油面高度为油箱高度 80%时的容积）应根据液压系统发热、散热平衡的原则来计算，一般只需按液压泵的额定流量来估计即可。一般低压系统油箱的有效容积为液压泵每分钟排出油液体积的 2~4 倍即可，中、高压系统时取为 5~7 倍，行走机械取为 2 倍。若油箱容积受限制，不能满足散热要求时，需要安装冷却装置。

6.2.3 油箱的结构设计要点

（1）油箱应有足够的刚度和强度，为了在相同的容量下得到最大的散热面积，油箱外形以立方体或长六面体为宜。油箱一般用 2.5～4 mm 的钢板焊接而成，采用不锈钢板最好，但成本高，大多数情况下采用镀锌钢板或普通钢板内涂防锈的耐油涂料。尺寸高大的油箱要加焊角板、加强筋以增加刚度。油箱底脚高度应在 150 mm 以上，以便散热、搬移和放油。油箱内壁经喷丸、酸洗和表面清洗后，四壁可涂一层与工作油液相容的塑料薄膜或耐油清漆。

（2）液压泵的吸油管和液压系统回油管相距应尽量远些，管口插入许用的最低油面以下，与箱底、箱壁间距均应大于管径的 2～3 倍，防止吸油时吸入空气和回油时油液冲入油箱搅动油面。吸油管端部装过滤器，过滤器距箱底不应小于 20 mm，并离油箱壁有 3 倍管径的距离以便四面进油。回油管端面应斜切 45°且面向箱壁，以增大通流面积。吸、回油管之间要用隔板隔开，以增大油液循环的路程，使油液有足够的时间分离气泡，沉淀杂质。隔板高度应小于箱内油面高度的 2/3。

（3）为了防止油液污染，油箱上各盖板、管口处要妥善密封。油箱箱盖上应安装空气滤清器，以使油箱与大气相通，保证液压泵的吸油能力，其通气量应不小于泵流量的 1.5 倍。

（4）为了易于散热和维护保养，油箱底面做成适当倾斜，并在油箱的最低处设置放油塞，以利于换油时排尽污物。箱体侧壁应设置液面计，箱内各处应便于清洗。

6.3 过 滤 器

油液中含有杂质是造成液压系统故障的重要原因。因为杂质的存在会加速相对运动零件的划伤、磨损、破坏配合表面的精度和表面粗糙度，颗粒过大时会使阀芯卡死，堵塞工作间隙和小孔，造成元件动作失灵，降低液压元件的寿命，甚至造成液压系统的故障。在液压系统中，约有 75%的故障与油液中的杂质有关，因此，维护油液的清洁，防止油液的污染，对液压系统是十分重要的。过滤器的功用就是清除油液中各种杂质，控制油液的污染，保证系统正常地工作。

6.3.1 对过滤器的基本要求

（1）有适当的过滤精度。过滤精度是指过滤器滤芯滤除杂质颗粒尺寸的大小，以其直径 d 的公称尺寸来表示。粒度越小，精度越高。按所能过滤杂质颗粒直径 d 的大小，过滤器可分为四种，见表 6-2。

表 6-2 过滤器的分类及过滤精度

过滤器	粗滤器	普通过滤器	精滤器	特精过滤器
过滤精度（μm）	$d>100$	$d=10\sim100$	$d=5\sim10$	$d=1\sim5$

不同的液压系统对过滤精度要求不同，可参照表 6-3 选择。

表 6-3　各种液压系统的过滤精度

系统类别	润滑系统	传 动 系 统			伺服系统
工作压力 p（MPa）	0~2.5	<14	14~32	>32	≤21
过滤精度（μm）	≤100	25~30	≤25	≤10	≤5

（2）有足够的过滤能力。过滤能力是指在一定压降下允许通过过滤器的最大流量。过滤器的过滤能力应大于通过它的最大流量，允许的压力降一般为 0.03~0.07 MPa。

（3）有足够的强度。过滤器的滤芯及壳体应有一定的机械强度，不因液压力的作用而破坏。

（4）滤芯要便于清洗和更换。

6.3.2　过滤器的类型与典型结构

按滤芯材质和结构形式的不同，过滤器可分为网式、线隙式、纸芯式、烧结式和磁性式等。

（1）网式过滤器。网式过滤器如图 6-4 所示。由 1~2 层铜丝网围在开孔的金属圆筒或圆形的支架上组成。过滤精度一般为 0.08~0.18 mm。它的特点是结构简单，压力损失小（0.01~0.025 MPa），多在系统的吸油路上作粗滤用，也有用较细的 2~3 层金属网做成精度较高的网式过滤器，用于调速阀前的过滤。

（2）线隙式过滤器。线隙式过滤器如图 6-5 所式。滤芯是由金属线密绕在多角形或圆筒形金属骨架上构成，利用线间的缝隙过滤油液。线隙式过滤器结构简单，过滤效果好，通过能力强，耐高温高压，但过滤精度较低，多用于吸油管路过滤。

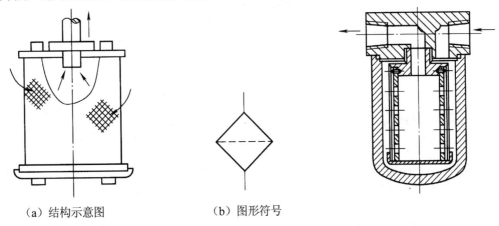

（a）结构示意图　　　　　　（b）图形符号

图 6-4　网式过滤器　　　　　　　　　　　　　图 6-5　线隙式过滤器

（3）纸芯式过滤器。纸芯式过滤器如图 6-6 所示。由滤纸围绕在酚醛树脂或木浆微孔滤纸制成的芯架上，为增大过滤面积，纸芯做成折叠形。这种过滤器适于精过滤，精度可达 0.005 mm，工作压力可达 38 MPa，压力损失为 0.05~0.12 MPa。但这种过滤器易堵塞，且无法清洗，故使用时纸芯应定期更换，多用于压力管路和回油管路。

（4）烧结式过滤器。烧结式过滤器的结构如图 6-7 所示。其滤芯由青铜等金属烧结而成，它是利用金属颗粒间的缝隙进行过滤的，构成滤芯的金属粉末颗粒度不同，过滤精度也就不同，精度范围为 0.007～0.1 mm。这种过滤器的特点是结构简单、强度高、抗腐蚀，过滤精度高，适于用精滤器，但颗粒易脱落，压力损失大（0.03～0.2 MPa），难以清洗。

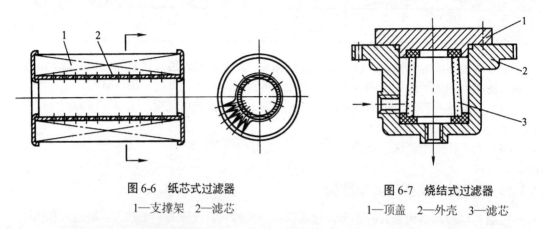

图 6-6　纸芯式过滤器　　　　　　　　　图 6-7　烧结式过滤器
1—支撑架　2—滤芯　　　　　　　　1—顶盖　2—外壳　3—滤芯

（5）磁性过滤器。磁性过滤器滤芯的结构如图 6-8 所示。它是由永久磁铁做成，这种过滤器一般应用于清除油液中的铁屑、铸铁粉末等铁磁性物质。

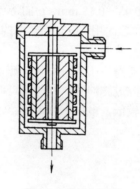

图 6-8　磁性过滤器

6.3.3　过滤器的安装

　　过滤器在液压系统中的安装由过滤精度和压力损失所决定。
　　（1）安装在液压泵吸油管路上。粗滤器通常装在泵的吸油管路上，并需浸没在油箱液面以下，用以保护泵及防止空气进入液压系统。这种安装方式要求过滤器的通油能力应大于液压泵流量的两倍以上，压力损失不应超过 0.035 MPa。所以，一般都采用过滤精度较低的网式过滤器，并应经常进行清洗。这种安装方式可使系统中所有液压元件都得到保护，但通过过滤器的较小的颗粒会进入液压系统。
　　（2）装在压力油路上。在中、低压系统的压力油路上，常安装各种型式的精滤器，用以保护系统中的精密液压元件或防止小孔、缝隙堵塞。这样安装的过滤器应能承受油路上的工作压力和冲击压力，压力降不应超过 0.35 MPa。为防止过滤器出现堵塞，可并联一安全阀或堵塞状态发讯装置，
　　（3）安装在回油路上。为保证油箱的油液清洁，可把精滤器装在回油路上。由于过滤器安装在低压回路上，故可用强度较低、刚度较小、体积和重量也较小的过滤器，对液压元件

起间接保护作用。为防止过滤器堵塞应并联一个安全阀，该阀的开启压力应略高于滤油器的最大允许压差。

（4）独立的过滤系统。将过滤器和液压泵组成一过滤回路在液压系统以外对系统用液压油进行过滤。采用这种过滤方法，因压力和流量的波动小，因而过滤效果好。但它需要增加设备（液压泵），适用于大型机械的液压系统。

此外，对于一些重要的液压元件，如伺服阀、微量流量阀等，其入口处也应安装精滤器。

为保证过滤器的过滤精度的稳定及清洗滤芯的方便，过滤器只能单方向使用，因此过滤器不能安装在液流方向可能改变的油路上。如果需要这样设置时，应适当加设过滤器和单向阀，保证双向过滤。

6.4　蓄　能　器

蓄能器是液压系统的储能元件，即在适当的时候把系统的压力油储存起来，在需要时迅速地或适当地释放出来供给系统使用。

6.4.1　蓄能器的类型与结构特点

蓄能器有重力式、弹簧式和充气式 3 类，常用的是充气式，它又可分为活塞式、气囊式和隔膜式 3 种。在此主要介绍活塞式和气囊式两种蓄能器。

（1）活塞式蓄能器。活塞式蓄能器是利用气体的压缩和膨胀来储存和释放压力能，其结构如图 6-9（a）所示。活塞的上部为压缩空气，气体由充气阀充入，其下部经油孔 a 通入液压系统中，活塞随下部液压油的贮存和释放而在缸筒内滑动。活塞上装有密封圈，活塞的凹部面向气体，以增加气体室的容积。

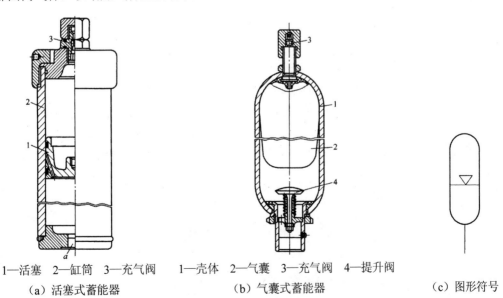

1—活塞　2—缸筒　3—充气阀　　　　1—壳体　2—气囊　3—充气阀　4—提升阀

（a）活塞式蓄能器　　　　　　（b）气囊式蓄能器　　　　　　（c）图形符号

图 6-9　充气式蓄能器

　　这种蓄能器结构简单，易安装，维修方便。但活塞的密封问题不能完全解决，压力气体容易漏入液压系统中，而且由于活塞的惯性及受摩擦力的作用，使活塞动作不够灵敏。

　　（2）气囊式蓄能器。气囊式蓄能器的结构如图 6-9（b）所示。气囊用耐油橡胶制成，固定在壳体的上部，工作前，从充气阀向气囊内充入惰性气体（一般为氮气）。压力油从壳体底部提升阀处充入，使气囊受压缩而储存液压能。当系统需要时，气囊膨胀，输出压力油。

　　这种蓄能器的优点是惯性小，反映灵敏，容易维护，结构小，重量轻，充气方便，故应用广泛。

6.4.2　蓄能器的功用

　　（1）用作辅助动力源。当执行元件作间歇运动或只作短时高速运动时，可利用蓄能器在执行元件不工作时储存压力油，而在执行元件需快速运动时，由蓄能器与液压泵同时给系统供油。这样就可以用小流量泵使运动件获得较快的速度，既减少了电机的功率损耗，又可降低系统的温升。

　　（2）保持系统压力。有的系统要求液压缸不运动时保持一定的系统工作压力（例如夹紧装置），此时可使液压泵卸荷，利用蓄能器储存的液压油补偿油路的泄漏损失，并保持其压力不变，从而降低能耗并减少系统的发热。

　　（3）缓和冲击、吸收压力脉动。当阀门突然关闭或换向时，系统中产生的冲击压力可由安装在冲击源和脉动源附近的蓄能器来吸收，使液压冲击的峰值降低。

　　（4）用作应急油源。系统因停电或液压泵发生故障不能供油时，蓄能器释放出所储存的压力油使执行元件继续完成必要的动作和避免可能因缺油而引起的事故。

　　（5）输送特殊液体。在输送对泵和阀有腐蚀作用或有毒、有害的特殊液体时可用蓄能器作为动力源吸入或排出液体，作为液压泵使用。

6.4.3　蓄能器的安装与使用

　　在蓄能器的安装和使用中主要应注意以下问题。

　　（1）蓄能器是压力容器，搬运和拆装时应先排气，防止发生事故。

　　（2）用于吸收液压冲击和压力脉动的蓄能器应尽可能安装在振源附近。

　　（3）气囊式蓄能器应油口向下垂直安装，且应有牢固的固定装置。

　　（4）液压泵和蓄能器之间应安装单向阀，防止液压泵停止工作时，蓄能器储存的压力油倒流而使泵反转。蓄能器与管路之间也应设置截止阀，供充气和检修时用。

　　（5）蓄能器的充气压力应在液压系统最低工作压力的 90% 和系统最高工作压力的 25% 之间选取。

6.5　密　封　装　置

　　密封是解决液压系统泄漏问题最重要、最有效的手段。密封装置的功用在于防止液压元件和液压系统中液压油的内漏和外漏，保证建立起必要的工作压力，还可防止外漏油液污染工作环境，节省油料。

6.5.1 对密封装置的要求

（1）在工作压力和一定的温度范围内，应具有良好的密封性能，并随着压力的增加能自动提高密封性能。

（2）密封材料的摩擦系数要小。

（3）抗腐蚀能力强，不易老化，耐磨性好，工作寿命长，磨损后在一定程度上能自动补偿。

（4）结构简单，使用、维护方便，价格低廉。

6.5.2 密封装置的类型

常见的密封方法及密封元件有以下几种。

1．间隙密封

间隙密封是通过精密加工，使相对运动件之间有极微小间隙（0.02～0.05 mm）而实现密封，如图 6-10 所示。这是最简单的一种密封形式，为增加泄漏油的阻力，减少泄漏量，通常在圆柱面上开几条等距环形槽。

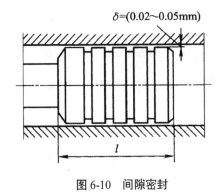

图 6-10 间隙密封

间隙密封结构简单，摩擦阻力小，耐高温；缺点是密封效果差，总有泄漏存在，压力越高，泄漏量越大，且配合面磨损后不能自动补偿。这种密封方式常用于柱塞、活塞或阀的圆柱副配合中。

2．O 形密封圈

O 形密封圈一般用耐油橡胶制成，其截面为圆形，如图 6-11（a）所示。它具有良好的密封性能，内侧、外侧和端面都能起密封作用，结构紧凑，运动件的摩擦阻力小，制造容易，成本低，使用非常方便，在液压系统中得到广泛应用。

O 形密封圈在安装时要有合理的预压缩量 δ_1 和 δ_2，同时受油压作用产生变形，紧贴密封表面而实现密封，如图 6-11（b）。当油液工作压力超过 10 MPa 时，O 形密封圈在往复运动中容易被油液压力挤入间隙而提早损坏，如图 6-12（a）所示。为此要在它的低压侧设置 1.2～

1.5 mm 厚的聚四氟乙烯或尼龙挡圈，如图 6-12（b）所示。双向受力时则在两侧各放一个挡圈，如图 6-12（c）所示。

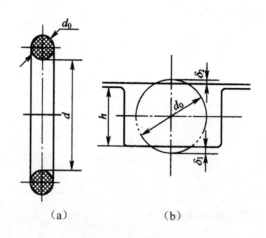

(a)   (b)

图 6-11　O 形密封圈

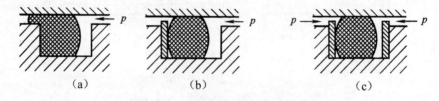

(a)   (b)   (c)

图 6-12　O 形密封圈的挡圈安装

O 型密封圈的安装沟槽，除矩形外，也有 V 形、燕尾形、半圆形、三角形等，实际应用中可查阅有关手册及国际标准。

3. 唇形密封圈

唇型密封圈根据截面的形状可分 Y 形、V 形、U 形、L 形等，主要用于动密封。其工作原理如图 6-13 所示。唇形密封圈是依靠密封圈的唇口受液压力作用而变形，使唇边贴紧密封面而密封的。这种密封作用的特点是能随着工作压力的变化自动调节密封性能，压力越高，则唇边贴得越紧，密封效果越好。当压力降低时，唇边压紧程度也随之降低，从而减少了摩擦阻力和功率消耗。除此之外，还能自动补偿唇边的磨损，保持密封性能不降低。唇形密封圈属于单向密封件，装配时其唇边应对着有压力的油腔。

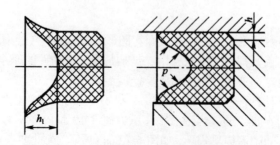

图 6-13　唇形密封圈的工作原理

（1）Y 形密封圈。Y 形密封圈分为普通 Y 形和 Y_x 形两种。如图 6-14（a）所示，普通 Y 形的截面呈 Y 形，用耐油橡胶制成。工作压力不大于 20 MPa，工作温度为 $-30 \sim +80$℃。一般用于轴、孔作相对移动，且速度较高的场合下，它即可作轴用密封圈，也可用作孔用密封圈。例如，活塞与缸筒之间、活塞杆与缸端盖间的密封。

Y_x 形密封圈是由 Y 型密封圈改进设计而成的，截面宽而薄，且内、外唇不相等，分孔用图 6-14（b）和轴用图 6-14（c）两种，由聚氨脂橡胶制成。它有很好的密封性、耐油性和耐磨性，工作压力可达 32 MPa，工作温度为可达 100℃。

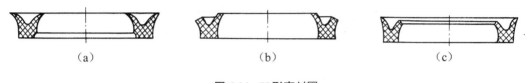

（a）　　　　　　　（b）　　　　　　　（c）

图 6-14　Y 形密封圈

（2）V 型密封圈。V 型密封圈由多层涂胶织物压制而成，最高压力可达 50 MPa。V 形密封圈的形状如图 6-15 所示，它由压环、密封环和支承环组成，当压环压紧密封环时，支承环可使密封环产生变形，因而起到密封作用。当压力更高时，可以增加中间密封环的数量，压力越高，使用数量越多，相当于多级密封。这种密封圈在安装时要用压盖预压紧，磨损后可以调紧压盖用于补偿。图 6-15（a）为支撑环；图 6-15（b）为密封环；图 6-15（c）为压环。

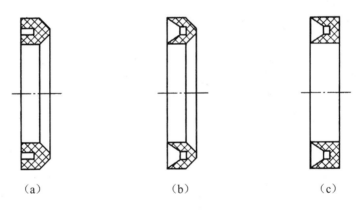

（a）　　　　　　　（b）　　　　　　　（c）

图 6-15　V 形密封圈

V 形密封圈的密封性能好，耐磨。在直径大、压力高、行程长等条件下多采用这种密封圈，但其摩擦阻力较大。它主要用于压力较高、移动速度较低的场合。

4. 组合式密封装置

组合式密封装置是由两个以上元件组成的密封装置。图 6-16 所示为 O 形密封圈和聚四氟乙烯滑环组成的组合密封装置。滑环紧贴密封面，O 形圈滑环提供弹性预压力，从而使滑环产生微小变形而与配合件表面贴合。图 6-16（a）为孔用组合密封，图 6-16（b）为轴用组合密封。因滑环与金属的摩擦系数小耐磨，故组合式密封装置的使用寿命比单独使用普通橡胶密封提高了近百倍，在工程上的应用也日益广泛。

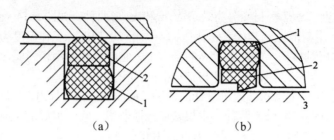

图 6-16　组合式密封装置

1—O 形密封圈　2—滑环（支持环）　3—被密封件

5. 回转轴的密封装置

回转轴的密封装置形式很多，图 6-17 所示的是一种由耐油橡胶制成的回转轴用密封圈，其内边围着一条螺旋弹簧，油封的内径 d 比被密封轴的外径略小，油封装到轴上后对轴产生一定的抱紧力，弹簧把内边收紧在轴上来增强密封效果，这种密封圈主要用作液压泵、液压马达和回转式液压缸伸出轴的密封，以防止油液漏到壳体外部，它一般适用于油液压力不超过 0.2MPa、回转轴线速度不超过 5～12m/s，且有润滑的场合。

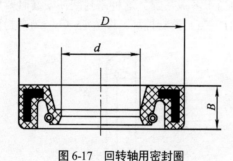

图 6-17　回转轴用密封圈

6.6　热交换器

液压系统的正常工作温度应保持在 30～50℃，最高温度不超过 65℃，最低温度不应低于 15℃，为保证油液温度适宜，液压系统能正常工作，必要时应设冷却器或加热器来控制油温。

6.6.1　冷却器

对冷却器的基本要求是散热面积足够大，散热效率高和压力损失小，结构紧凑、坚固、体积小和质量轻，最好有自动控温装置以保证油温控制的准确性。

根据冷却介质的不同，冷却器有风冷式、水冷式和冷媒式 3 种。风冷式是利用自然通风来冷却，因不需用水，使用方便，常用在行走设备上。其结构简单、价格低廉，冷却效果差。冷媒式是利用冷媒介质如氟里昂在压缩机中作绝热压缩，通过散热器散热、蒸发器吸热原理，把油液的热量带走，使油冷却，此种方式冷却效果最好，但价格昂贵，常用于精密机床等设备上。而水冷式是一般液压系统常用的冷却效果较好的冷却方式。

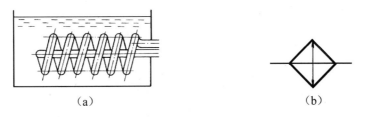

图 6-18　蛇形管冷却器

油箱中常用蛇形管冷却器，结构如图 6-18 所示。它浸入油液中，冷却水在蛇形管内部通过，带走油液的部分热量。这种冷却器结构简单，但耗水量大，冷却效率低。

翅片式多管冷却器结构如图 6-19 所示。每一管子有两层，内管中通水，外管中通油，油管外面加装横向或纵向散热翅片，以增加其散热面积。这种冷却器冷却效果好，体积和重量轻，翅片采用铝片成本低，不易生锈。

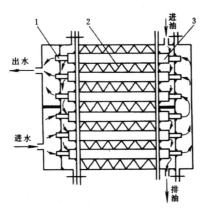

图 6-19　翅片式多管冷却器

1—水管　2—翅片　3—油管

6.6.2　加热器

油箱中通常采用结构简单的电加热器

使油温升高。电加热器的安装方式如图 6-20 所示。通常应水平安装，并使其发热部分全部浸入油中。其安装位置应保证油箱内油液有良好的自然对流。加热器的功率不能太高，以避免它周围油液温度过高而变质。

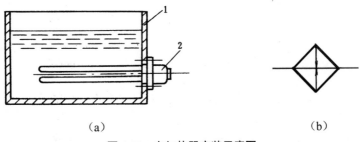

图 6-20　电加热器安装示意图

1—油箱　2—电加热器

6.7　思　考　题

1. 辅助元件有哪些类型？各有何作用？
2. 常用油管有哪几种？它们的适用范围有何不同？
3. 常用的管接头有哪几种？它们各适用于什么场合？
4. 油箱的功用是什么？设计油箱时，应注意哪些问题？
5. 常用的过滤器有哪几种？它们通常安装在系统的什么位置上？
6. 蓄能器有哪些类型？安装和使用蓄能器应注意哪些问题？
7. 说明充气式蓄能器的工作原理。
8. 常用的密封装置有哪几种？它们各适合什么场合？

第 7 章　液压系统基本回路

任何液压系统都是由一些基本回路组成的。液压基本回路是由有关液压元件组成并能完成特定功能的典型油路结构。熟悉和掌握液压基本回路的组成、工作原理和性能，是正确分析、合理设计、维护、安装、调试和使用液压系统的重要基础。

液压基本回路按其功用可分为方向控制回路、压力控制回路、速度控制回路和多缸动作回路。

7.1　方向控制回路

方向控制回路是控制执行元件的启动、停止及换向的回路。这类回路包括换向和锁紧两种基本回路。

7.1.1　换向回路

换向回路的功能是可以改变执行元件的运动方向。对换向回路的基本要求是：换向可靠、灵敏平稳，换向精度合适。一般可采用各种换向阀来实现，在闭式容积高速回路中也可利用双向变量泵实现换向过程。用电磁换向阀来实现执行元件的换向最为方便，但因电磁换向阀的动作快，换向时有冲击，故不宜用于频繁换向。采用电液换向阀换向时，虽然其液动换向阀的阀芯移动速度可调节，换向冲击较小，但仍不能适用于频繁换向的场合。即使这样，由电磁换向阀构成的换向回路仍是应用最广泛的一种回路，尤其是在自动化程度要求较高的组合液压系统中被普遍采用，这种换向回路将多次出现于后面所提及的许多回路中。

机动换向阀可进行频繁换向，且换向可靠较好（这种换向回路中执行元件的换向过程，是通过工作台侧面固定的挡块和杠杆直接作用使换向阀来实现换向的，而电磁换向阀换向需要通过电气行程开关、继电器和电磁铁等中间环节），但机动换向阀必须安装在执行元件附近，不如电磁换向阀安装灵活。

7.1.2　锁紧回路

锁紧回路的作用是使执行元件能在任意位置停留，并防止停止后不会因外力作用下移动其位置。对锁紧回路的要求是可靠、迅速、平衡、持久。

锁紧回路的原理是将执行元件的进、回油路封闭。利用三位四通换向阀的中位机能（O形或 M 形）可以使活塞在行程范围内的任意位置上停止运动。但因滑阀的内泄漏较大，执行元件仍可能产生一定漂移或窜动，锁紧效果较差。只能用于对锁紧性能要求不高、停留时间不长的液压系统中。

图 7-1 所示为采用两个液控单向阀组成的锁紧回路。在液压缸的进、回油路上串接液控
单向阀Ⅰ、Ⅱ，当换向阀处于左位或右位时，液控单向阀的控制口 K_1 或 K_2 通入压力油，液
压缸的回油可经过液控单向阀流回油箱，故活塞可左、右移动。只要换向阀处于中位，液控
单向阀关闭液压缸两侧油路，活塞被双向锁紧，左右都不能窜动。活塞可以在行程中的任何
位置停止并锁紧，其锁紧效果只受液压缸泄漏的影响，因此锁紧效果较好。这样的回路被广
泛用于工程机械、起重运输机械等有锁紧要求的场合。

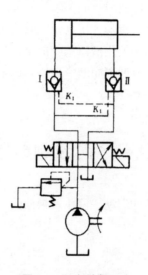

图 7-1　双向锁紧回路

采用液控单向阀的锁紧回路，换向阀的中位机能应采用 Y 形或 H 形中位机能的换向阀，
保证换向阀处于中位时，液控单向阀的控制油路可立即失压，这样单向阀迅速关闭，锁紧油
路。假如采用 O 形中位机能的换向阀，换向阀处于中位时，由于控制油液仍存在一定的压力，
单向阀不能立即关闭，直至由于换向阀泄漏使控制油液压力下降到一定值后，单向阀才能关
闭，这就降低了锁紧回路的效果。

7.2　压力控制回路

压力控制回路是利用压力控制阀来控制系统整体或某一部分的压力，以满足液压执行元
件所需的力或转矩，保证系统安全的回路。这类回路包括调压、卸荷、减压、增压、保压和
平衡等多种回路。

7.2.1　调压回路

液压系统工作时，液压泵必须向系统提供与负载相适应的压力油，为使系统压力保持稳
定或限制系统压力不超过某个调定值，应在系统中设置调压回路。在定量泵系统中，液压泵
的供油压力可以通过溢流阀来调节。在变量泵系统中，用安全阀来限定系统的最高压力，来
防止系统过载。若系统中需要两种以上的压力，则可采用多级调压回路。

1. 单级调压回路

如图 7-2（a）所示为单级调压回路，在液压泵出口处设置并联溢流阀 2 即可组成单级调压回路。它是用来控制液压系统最高工作压力的。

2. 二级调压回路

如图 7-2（b）所示为二级调压回路，在先导式溢流阀外控口上串接一个二位二通换向阀 3 和一个远程调压阀（小规格溢流阀）4，它可实现两种不同的系统压力控制。由溢流阀 2 和溢流阀 4 各调一级：当二位二通电磁阀 3 处于如图 7-2（b）所示的位置时，系统压力由阀 2 调定；当阀 3 得电后，处于右位时，系统压力由阀 4 调定。要注意：阀 4 的调定压力一定要小于阀 2 的调定压力，否则系统将不能实现压力调定；当系统压力由阀 4 调定时，溢流阀 2 的先导阀口关闭，但主阀开启，液压泵的溢流流量经主阀流回油箱。

3. 多级调压回路

如图 7-2（c）所示的由溢流阀 1、2、3 分别控制系统的压力，从而组成了三级调压回路。当两电磁铁均不带电时，系统压力由阀 1 调定，当 1YA 得电时，由阀 2 调定系统压力；当 2YA 得电时，系统压力由阀 3 调定。但在这种调压回路中，阀 2 和阀 3 的调定压力都要小于阀 1 的调定压力，而阀 2 和阀 3 的调定压力之间没有什么一定的关系。

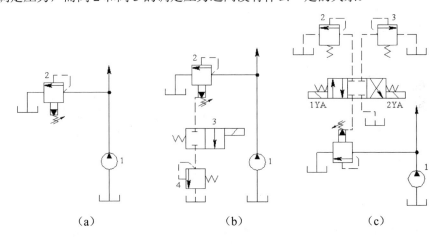

（a）   （b）   （c）

图 7-2　调压回路

4. 双向调压回路

在液压机液压系统中，因液压缸工作行程和空行程所需的压力相差很大。所以为了减少功率损耗，当执行元件正反向运动需要不同的供油压力时，可采用双向调压回路，如图 7-3 所示。图（a）中，当换向阀处于图示位置时，活塞回程，负载小，泵的供油压力由低压溢流阀 4 调定。当换向阀在左位工作时，活塞为工作行程，泵出口压力较高，由高压溢流阀 1 调定。图（b）所示，回路在图示位置时，活塞处于工作行程，阀 2 的出口被高压油封闭，即阀 1 的远控口被堵塞，故泵压由阀 1 调定为较高压力。当换向阀在右位工作时，液压缸的出口高压油封闭，即阀 1 的远控口被堵塞，故泵的供油压由阀 1 调定为较高压力。当换向阀在右位工作时，活塞返程，负载小，液压缸左腔通油箱，压力为零，阀 2 相当于阀 1 的远程调阀，泵的压力由阀 2 调定。

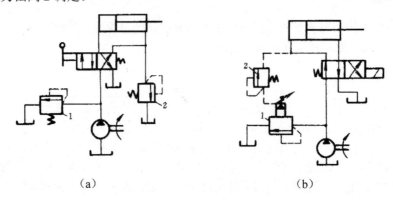

（a）　　　　　　　　　　　　（b）

图 7-3　双向调压回路
1—高压溢流阀　2—低压溢流阀

7.2.2　卸荷回路

当液压系统中的执行元件短时间停止工作时，应使泵卸荷，即使液压泵输出的油液全部在零压或很低压力下流回油箱。这样在液压泵的驱动电动机不频繁启闭的情况下，可节省功率消耗，减少油液发热，延长液压泵和电动机的使用寿命。以下是几种常用卸荷回路。

1. 利用换向阀卸载的回路

中位机能为 M 形、H 形、K 形的三位换向阀处于中位时，泵的输出油液经换向阀的油口 P、T 直接流回油箱而卸荷。如图 7-4（a）为利用换向阀中位机能的卸载回路。它采用中位 M 型中位机能换向阀，当阀位处于中位时，泵排出的液压油直接经换向阀的 P、T 通路流回油箱，泵的工作压力接近于零。使用此种方式卸载，方法比较简单，但当压力较高、流量较大时容易产生冲击，压力损失较多，只适用于低压、小流量的液压系统，且不适用于一个泵驱动两个或两个以上执行元件的场所。且三位四通换向阀的流量必须和泵的流量相适宜。

2. 利用二位二通阀旁路卸荷的回路

如图 7-4（b）所示为利用二位二通阀旁路卸荷的回路，当二位二通阀左位工作时，泵排出的液压油以接近零压状态流回油箱，以节省动力并避免油温上升。图示的二位二通阀系以手动操作，亦可使用电磁操作。这种卸荷方式效果很好，但二位二通换向应通过泵的全部流量，因而该阀的规格较大，所以适用于小流量小压力，不适用大流量大压力，其造价高。 且二位二通阀的额定流量必须和泵的流量相适宜。

3. 利用溢流阀远程控制口卸荷的回路

如图 7-4（c）所示为利用溢流阀远程控制口卸荷的回路，将溢流阀的远程控制口和二位二通电磁阀相接。当执行元件停止运动时，二位二通电磁阀通电时，溢流阀的远程控制口通油箱，这时溢流阀的平衡活塞上移，主阀阀口被打开，泵排出的液压油全部流回油箱，泵出口压力几乎是零，故泵成卸荷运转状态。图中的二位二通电磁阀只通过很少的流量，因此，可用小流量规格阀。在实际应用中，为了减少元件数目、管路连接方便，通常将此二位二通电磁阀和溢流阀组合在一起，此种组合称为电磁溢流阀，其作用完全相同。

　　4. 利用卸荷阀的复合泵卸荷回路

　　如图 7-4（d）所示为利用复合泵作液压钻床的动力源。当液压缸快速推进时，推动液压缸活塞前进所需的压力比左、右两边的溢流阀所设定压力还低，故大排量泵和小排量泵的压力油全部送到液压缸，使活塞快速前进。当钻头和工件接触时，液压缸活塞移动的速度要变慢，且在活塞上的工作压力变大，此时，往液压缸去的管路的油压力上升到比右边卸荷阀设定的工作压力大时，卸荷阀被打开，低压大排量泵所排出的液压油经卸荷阀送回油箱。因为单向阀受高压油作用的关系，所以低压泵所排出的油根本不会经单向阀就流到液压缸了。

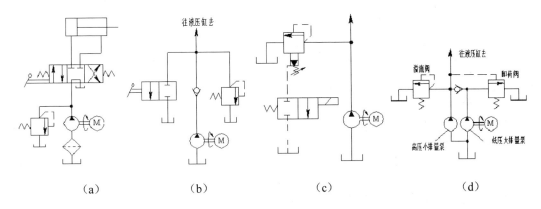

（a）　　　　　　（b）　　　　　　（c）　　　　　　（d）

图 7-4　卸荷回路

7.2.3　减压回路

　　在单泵供油的系统中，当某一支路上所需比溢流阀的调定压力低的稳定压力时，可采用减压回路。它的功用是使系统中的某一部分油路具有较系统压力低的稳定压力。最常见的减压回路是通过定值减压阀与主油路相连的，如图 7-5（a）所示，回路中的单向阀供主油路在压力降至低于减压阀调整压力时，防止油液倒流，起短时保压之用。在减压回路中，也可以采用类似两级或多级调压的方法获得两级或多级减压，如图 7-5（b）所示为利用先导型减压阀 1 的远控口接一远控溢流阀 2，则可由阀 1、阀 2 各调定一种低压，但要注意阀 2 的调定压力值一定要低于阀 1 的调定压力值。

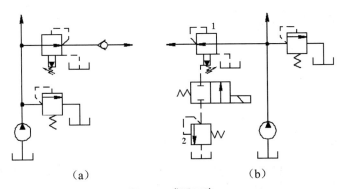

（a）　　　　　　　　　（b）

图 7-5　减压回路

7.2.4 增压回路

液压系统中，如果在某一支路上需要的工作压力比系统压力更高的压力时，可采用增压回路，以满足局部工作机构的需要。

1. 单作用增压缸的增压回路

在图 7-6（a）所示回路中，当换向阀 1 在左位工作时，压力油经阀 1、液控单向阀 6 进入液压缸 7 的上腔，下腔油液经单向阀顺序阀 3 和阀 1 回油箱，活塞下行。当负载增加、油液压力升高时，压力油打开顺序阀 2 进入增压缸 4 的左腔推动活塞右行，增压缸右腔便输出高压油进入液压缸的上腔而增大其活塞推力。当换向阀 1 右位工作时，液压缸 7 下腔进油，工作缸回程，部分液压油进入增压缸中间一腔，由于活塞面积之差，造成在液压力作用下推动增压缸活塞向左运动，增压缸大端油液经单向阀 5 和换向阀 1 流回油箱，增压缸小腔体积增大，使液压缸 7 上腔油液自动进入增压缸小腔，直至增压缸活塞运动到最左端。增压器复位后，液压缸 7 上腔油液经液控单向阀 6 和换向阀 1 流回油箱。

单作用增压器的增压回路不能获得连续的高压油，因此只适用于液压缸需要较大的单向作用力而行程较短的液压系统中。

2. 双作用增压缸的增压回路

若获得连续输出高压油，可采用图 7-6（b）所示的双作用增压缸的增压回路。图示位置，液压泵压力油进入大缸右腔和右端的小腔，大缸左腔油液经换向阀回油箱，活塞左移。左端小腔增压后的压力油经单向阀 4 输出，此时单向阀 3 和 2 均关闭。当活塞触动行程开关 6 使换向阀换向，活塞开始右移，右端小腔的压力油增压后经单向阀 3 输出。这样采用电气控制的换向回路便可获得连续输出的高压油。

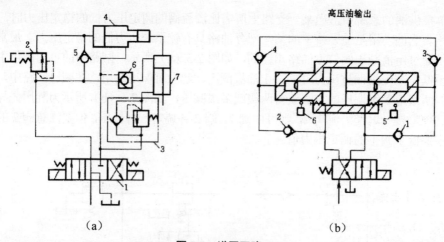

（a）　　　　　　　　　　　　　（b）

图 7-6　增压回路

7.2.5 保压回路

有的机械设备在工作过程中,常常要求液压执行机构在其行程终止时保持一段时间压力,如机械手夹紧工件的液压缸,在夹紧工件后要求保持其压力；又如塑料注射机的注射缸,注射完成后要求保持压力一定时间等，这时需采用保压回路。所以保压回路可使系统在液压缸不动或仅有工件变形所产生的微小位移的情况下，稳定地维持住压力，最简单的保压回路是使用密封性能较好的液控单向阀的回路，但是阀类元件处的泄漏使得这种回路的保压时间不能维持太久。常用的保压回路有以下几种。

1. 利用液压泵保压的保压回路

利用液压泵保压的保压回路也就是在保压过程中，液压泵仍以较高的压力（保持所需压力）工作。此时，若采用定量泵，则压力油几乎全经溢流阀流回油箱，系统功率损失大，易发热，故只在小功率的系统且保压时间较短的场合下才使用；若采用变量泵，在保压时泵的压力较高，但输出流量几乎等于零。因而液压系统的功率损失小，这种保压方法能随泄漏量的变化而自动调整输出流量，所以其效率也较高。

2. 利用蓄能器的保压回路

利用蓄能器的保压回路是指借助蓄能器来保持系统压力，补偿系统泄漏的回路（如图 7-7（a））所示为蓄能器保压回路，利用虎钳作工件的夹紧。当换向阀移到阀左位时，活塞前进，并将虎钳夹紧，这时泵继续输出的压力油将为蓄能器充压，直到卸荷阀被打开卸载为止，此时，作用在活塞上的压力由蓄能器来维持，并补充液压缸的漏油作用在活塞上。当工作压力降低到比卸荷阀所调定的压力还低时，卸荷阀又关闭，泵的液压油再继续送往蓄能器。本系统可节约能源并降低油温。

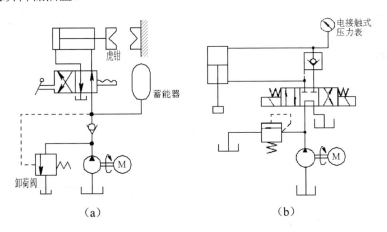

图 7-7　保压回路

3. 自动补油保压回路

图 7-7（b）所示为采用液控单向阀和电接触式压力表自动补油的保压回路。当换向阀右位接入回路时，压力油经换向阀、液控单向阀进入液压缸上腔。当压力达到保压要求的调定值时，电接触式压力表发出电信号，使阀接换至中位，这时液压泵卸荷，液压缸上腔由液控单向阀进行保压。当液压缸上腔的压力下降到预定值时，电接触式压力表又发出电信号并使阀右位接入回路，液压泵油箱液压缸上腔供油，使其压力回升，实现补油保压。当换向阀左位接入回路时，液控单向阀打开，活塞向上快速退回。这种保压回路保压时间长，压力稳定性较高，适用于保压性能要求较高的液压系统，如液压机液压系统。

7.2.6　平衡回路

为了防止垂直或倾斜放置的液压缸及与之相连的工作部件因自重而自行下滑，可在液压缸下行的回油路上置设能产生一定背压的液压元件，以阻止其下滑或减缓其因自重的加速下滑，可采用平衡回路。

1. 采用单向顺序阀的平衡回路

图 7-8（a）所示是采用单向顺序阀的平衡回路。单向顺序阀又称平衡阀，它的调定压力稍大于因工作部件自重在液压缸下腔中形成的压力。当换向阀处于中位时，活塞可停在任意位置而不会因自重而下滑。当 1YA 得电，活塞下行时，回油路上就存在着一定的背压，因自重得到平衡，活塞不会产生超速现象，而平稳下滑。在这种回路中，当活塞向下快速运动时其功率损失大，锁住时活塞和与之相连的工作部件会因单向顺序阀和换向阀的泄漏而缓慢下落，因此它只适用于工作部件重量不大、活塞停止时定位要求不高的场合。

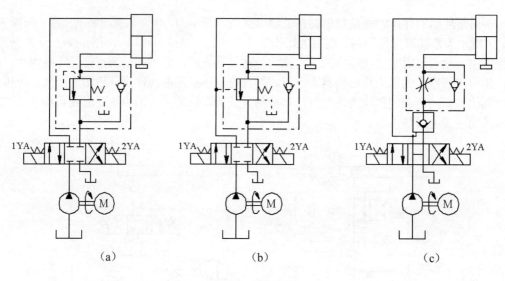

（a）　　　　　　　　　（b）　　　　　　　　　（c）

图 7-8　平衡回路

2. 采用液控顺序阀的平衡回路

图 7-8（b）所示是采用顺序阀的平衡回路。当活塞下行时，控制压力油打开液控顺序阀，背压消失，因而回路工作效率较高；当停止工作时，液控顺序阀关闭以防止活塞和工作部件因自重而下降。这种平衡回路优点是只有上腔进油时活塞才下行，比较安全和可靠。但缺点是活塞下行时平稳性较差。这是因为活塞下行时，液压缸上腔油压降低，将使液控顺序阀关闭。当顺序阀关闭时，因活塞停止下行，使液压缸上腔油压升高，又打开液控顺序阀。因此液控顺序阀始终处于启、闭的过渡状态，因而影响工作的平稳性。因此这种回路适用于运动部件重量不大、停留时间较短的液压系统。

3. 采用液控单向阀的平衡回路

图 7-8（c）所示是用液控单向阀的平衡回路。当换向阀左位接入回路时，压力油经换向阀进入液压缸上腔，同时打开液控单向阀，活塞下行。当中位机能为 H 形换向阀处于中位时，

液压缸上腔失压，液控单向阀迅速关闭，活塞立即停止运动并被锁紧。单向节流阀可以克服因活塞下行时液压缸上腔压力变化，使液控单向阀时开时闭而造成活塞下行过程中运动的不平稳，且可控制流量，起调速作用。这种回路由于液控单向阀是锥面密封，泄漏极小，因此闭锁性能好，用于要求停位准确，停留时间较长的液压系统。

7.3　速度控制回路

速度控制回路是对液压系统中执行元件运动速度和速度切换实现控制的回路。这类回路包括调速回路、快速回路和换接回路等。

7.3.1　调速回路

调速回路的功能是调定执行元件的工作速度。在不考虑油液的可压缩性和泄漏的情况下，执行元件的速度表达式为

液压缸速度为 $v = \dfrac{q}{A}$；液压马达的转速为 $n = \dfrac{q}{V}$

式中，q —— 输入液压执行元件的流量；

$\quad\quad A$ —— 液压缸的有效面积；

$\quad\quad V$ —— 液压马达的排量。

由此可见，改变进入执行元件的流量 q，或者改变执行元件的几何尺寸（液压缸的工作面积 A 或液压马达的排量 V）都可以达到改变速度的目的。对于液压缸工作中改变有效作用面积比较困难，一般采用改变流量来调速；对于液压马达，改变输入流量或排量均可实现调速。根据以上分析，采用定量泵供油，利用节流元件改变进入执行元件流量来实现调速的方法称为节流调速；用改变变量泵或变量液压马达的排量调速的方法称为容积调速；如果将前两种调速方法结合起来，用变量泵与节流相配合的调速方法，则称为容积节流调速。

1. 节流调速回路

由定量泵供油，用流量阀改变进入执行元件的流量来实现调速。按流量阀接入回路中的位置不同，有进油路节流调速、回油路节流调速和旁油路节流调速三种回路。

（1）进油路节流调速回路。图 7-9（a）所示为进油节流调速回路，就是控制执行元件入口的流量。定量泵与溢流阀并联，节流阀串接在泵与液压缸的一部分经换向阀、节流阀进入液压缸的左腔，其右腔的油液经换向阀流回油箱，活塞向右运动。另一部分多余的油液通过溢流阀流回油箱，这是这种调速回路能够正常工作的必要条件。由于溢流阀有溢流，泵的出口压力 p^p 就是溢流阀的调整压力并基本保持恒定，且调节节流阀的开度，又可改变进入液压缸的流量，即可调节液压缸活塞的运动速度。

根据以上工作原理分析进口节流调速回路的特性

液压缸活塞克服外负载力 F 做等速运动时，液压缸稳定工作平衡方程式为：$p_1 A = F + p_2 A$

$$p_2 = 0 \text{ 时} \quad\quad p_1 = \frac{F}{A}。$$

其中：A——液压缸有效工作面积；

A_T——节流阀通流面积。

节流阀进出口压差：$\Delta p = p^p - p_1 = p^p - \dfrac{F}{A}$

经节流阀进入液压缸的流量为：$q_1 = K A_T \left(p^p - \dfrac{F}{A} \right)^m$

液压缸的运动速度为：$v = \dfrac{q_1}{A} = K \dfrac{A_T}{A} \left(p^p - \dfrac{F}{A} \right)^m$　　　　　　　　　　（7-1）

式（7-1）为进口节流调速回路的速度-负载特性方程，由该式可知，液压缸的工作速度主要与节流阀通流面积和负载有关。调节 A_T 可实现无级调速，当 A_T 调定后，速度随负载的增大而减小。若以 v 为纵坐标，以 F 为横坐标，选不同的 A_T 为参变量，可绘出如图 7-9（b）所示的一组速度-负载特性曲线。

速度随负载变化的程度，表现在速度-负载特性曲线上就是其斜率不同，特性曲线上某点处的斜率越小，速度刚性就越大，说明回路在该处速度受负载变动的影响就越小，即该处的速度稳定性好。由速度-负载特性曲线可知：

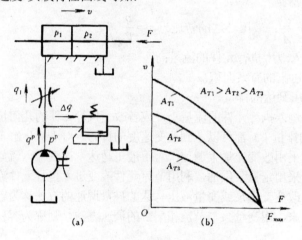

图 7-9　进油路节流调速回路

① 在负载一定的情况下，活塞运动速度与节流阀通流面积成正比，通流面积调得越大，活塞运动速度越高。

② 在节流阀通流面积不变时，随着负载的增大，活塞运动速度将逐渐下降，因此，这种回路的速度-负载特性曲线较软，即速度刚性较差。

③ 在相同负载下工作，节流阀通流面积大的速度刚性要比通流面积小的速度刚性差，即高速时速度刚性差。

④ 节流阀通流面积不变，负载较大时的速度刚性比负载较小时的差，即负载大时速度刚性较差。

可见进油路节流调速回路运动平稳性差适用于负载变化不大，速度稳定性要求不高的低速轻载场合。另外由于回路总存在溢流功率损失和节流功率损失，故回路效率低，所以适用小功率系统。

（2）回油路节流调速回路。回油节流调速就是控制执行元件出口的流量，如图 7-10 所示，回油节流调速是借助于节流阀控制液压缸的排油量 q_2 来实现速度调节。由于进入液压缸的流量 q_1 受到回油路上排出流量 q_2 的限制，因此用节流阀来调节液压缸的排油量 q_2，也就调节了进油量 q_1，定量泵多余的油液仍经溢流阀流回油箱，溢流阀调整压力基本稳定。

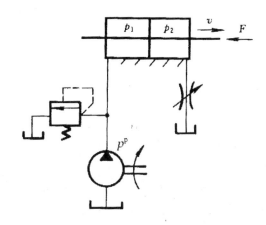

图 7-10　回油路节流调速回路

液压缸活塞克服外负载力 F 做等速运动时，液压缸稳定工作平衡方程式为：

$$p_1 A = F + p_2 A \qquad \left(p_1 = p^p\right)$$

节流阀出口压力为 0，则节流阀进出口压差：$\Delta p = p_2 = p^p - \dfrac{F}{A}$

经节流阀进入液压缸的流量为：$q_1 = K A_T \left(p^p - \dfrac{F}{A}\right)^m$

液压缸的运动速度为：$v = \dfrac{q_1}{A} = K \dfrac{A_T}{A} \left(p^p - \dfrac{F}{A}\right)^m$ 　　　　　　　　（7-2）

两种调速回路的流量速度-负载特性方程都相同，说明回油调速也具有进油路节流调速特性。与进口调速回路的不同点如下：

① 液压缸运动的平稳性提高了。回油路节流调速回路的节流阀回油腔形成一定的背压，能承受一定的负值负载（即与执行元件运动方向相同的负载）。其在低速运动比较平稳，而且能防止由缸负载突然消失而引起的运动突进。

② 回油路节流调速回路散热条件好。节流产生的热量直接送至油箱散热后进入液压缸，而进口节流调速发热的油液直接进入液压缸，泄漏量增大影响，速度稳定性。

③ 进口节流调速当停车时间较长，只需在开车前关小节流阀就可避免启动冲击。回油路节流调速泵输出流量全部进入液压缸，而回油腔因油液泄漏而形成空隙，再启动时，泵输出的流量全部进入液压缸，使活塞快速前冲一段距离，产生启动冲击。而进油节流调速回路中，只需在开车前关小节流阀就可避免启动冲击。

④ 进口节流调速可用压力继电器实现动作控制。进口节流调速当执行元件运动到行程终点，其上的挡铁碰到死挡铁后，液压缸进油腔的压力会上升到泵的供油压力，利用这个压力变化，可使压力继电器发信号，方便的对系统下一动作实现控制。而回油路节流调速回路中进油腔压力没有变化，不易实现压力控制。虽然在挡铁碰到死挡铁后，回油腔的压力下降至

零，可以利用这一压力变化使压力继电器发信号，但电路比较复杂。

（3）旁油路节流调速。旁油路节流调速是控制不需流入执行元件也不经溢流阀而直接流回油箱的油的流量，从而达到控制流入执行元件油液流量的目的。如图 7-11（a）所示为旁油路节流调速回路，该回路的特点是液压缸的工作压力基本上等于泵的输出压力，其大小取决于负载，该回路中的溢流阀只有在过载时才被打开。

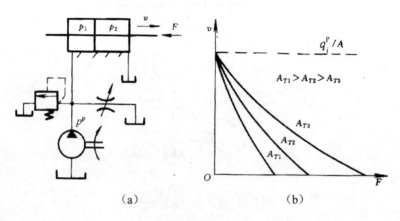

图 7-11　旁油路节流调速回路

液压缸活塞克服外负载力 F 做等速运动时，液压缸稳定工作平衡方程式为

$$p_1 A = F + p_2 A; \qquad p_2 = 0 \text{ 时} \qquad p_1 = p^p$$

节流阀进出口压差：$\Delta p = p^p = \dfrac{F}{A}$

进入液压缸的流量为：$q^p = q_1 + q_T$，　　则 $q_1 = q^p - q_T = q^p - KA_T \left(\dfrac{F}{A} \right)^m$

液压缸的运动速度为：$v = \dfrac{q_1}{A} = \dfrac{q^p - KA_T \left(F/A \right)^m}{A}$　　　　　　　（7-3）

由图 7-11（b）速度-负载特性曲线可知其最大承载能力随节流阀通流面积 A_T 的增加而减小，即旁油节流调速回路的低速承载能力很差，调速范围也小。

所以旁油路节流调速回路运动平稳性差（负载变化引起速度变化），低速重载能力又差，适用于高速，重载速度稳定性要求不高液压系统，如牛头刨床液压系统。但由于旁油路节流调速回路只有节流损失而无溢流损失，所以比前两种调速回路效率高。

上述三种调速方法中进油路调速和回油路调速会使回路压力升高，造成压力损失，旁路调速则几乎不会；用旁油路调速作速度控制时，无溢流损失，效率最高，控制性能最差，主要用于负载变化很小的正向负载的场合；用进油路调速作速度控制时，效率较旁油路调速次之，主要用于负荷变化较大的正向负载的场合。用回油路调速作速度控制时，效率最差，控制性能最佳，主要用于有负向负载的场合。

采用节流阀的调速回路，在负载变化时都将引起节流阀前后压力差发生变化，使通过节流阀进入液压缸的流量不稳定，故液压缸的运动平稳性差。如果用调速阀代替回路中的节流阀，同样可以构成进油、回油和旁油路节流调速回路。调速阀的特点是在其进、出口压力差大于它的最小压差时，由负载变化引起进出口压差变化后，能自动调节开口大小，使调速阀的节流阀前后压差基本不变。即在负载变化情况下，通过调速阀的流量基本不变。采用调速阀后，虽然回路的速度稳定性大大的提高了，但回路的效率仍然是很低的。因为调速阀中包含了减压阀和节流阀的功率损失，所以其功率损失比采用节流阀的相应的节流调速回路还要大些。

2. 容积调速回路

前面介绍的节流调速回路虽然调节起来非常方便，但使用节流阀进行调速存在着速度虽负载变化的问题，同时油液通过流量阀时所造成的功率损失大，回路效率低，只适用于小功率液压系统。容积调速回路中，液压泵输出油液直接进入液压缸或液压马达，无溢流或节流功率损失，且供油压力随负载而变化，因此效率高、发热小，它适用于大功率液压系统。但这种回路需采用结构较复杂的变量泵或变量马达，故造价较高，且维修也较困难。

容积调速回路按油液循环方式不同可分为开式和闭式两种。开式回路的液压泵从油箱中吸油并供各执行元件，执行元件排出的油液直接返回油箱，油液在油箱中可得到很好的冷却并使杂质得以充分沉淀，油箱体积大，空气也容易侵入回路而影响执行元件的运动平稳性。闭式回路的液压泵将油液输入执行元件的进油腔中，又从执行元件的回油腔处吸油，油液不一定都经过油箱而直接在封闭回路内循环，从而减少了空气侵入的可能性，但为了补偿回路的泄漏和执行元件进、回油腔之间的流量差，必须设置补油装置，这样使得结构复杂且散热条件差。

（1）变量泵-定量执行元件组成的容积调速回路

图 7-12（a）所示为变量泵-液压缸开式容积调速回路。溢流阀 2 作安全阀使用，换向阀 3 用来改变活塞的运动方向，活塞运动速度是通过改变泵 1 的输出流量来调节的，单向阀 5 在变量泵 1 停止工作时可以防止系统中的油液倒流和空气侵入。

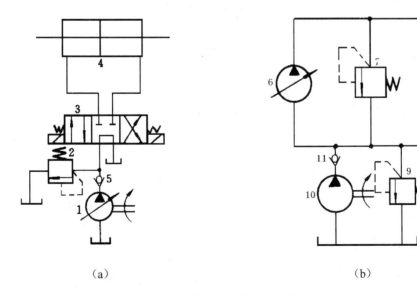

（a） （b）

图 7-12　变量泵-定量执行元件容积调速回路
1、6—变量泵　2、7、9—溢流阀　3—换向阀　4—液压缸
8—定量马达　10—辅助定量泵　5、11—单向阀

图 7-12（b）所示为变量泵-定量马达闭式容积调速回路。其为补充回路中的泄漏而设置了补油装置。辅助泵 10 将油箱中经过冷却的油液输入到封闭回路中，同时与油箱相通的溢流阀 9 溢流出定量马达 8 排出的多余热油，从而起到稳定低压管路压力和置换热油的作用，一般辅助泵 10 的流量为变量泵 6 最大流量的 10%～15% 左右。由于变量泵 11 的吸油口处具有一定的压力，所以可避免空气侵入和出现空穴现象。封闭回路中的高压管路上连有溢流阀可起到安全阀的作用，以防止系统过载，单向阀 11 在系统停止工作时可以起到防止封闭回路中的油液和空气侵入的作用。马达 8 的转速是通过改变泵 6 的输出流量来调节的。

这种容积调速回路，液压泵的转速和液压马达的排量都为常数，液压泵的供油压力随负载增加而升高，其最高压力由安全阀来限制。这种容积调速回路中马达（或液压缸）的输出速度、输出的最大功率都与变量泵的排量成正比，输出的最大转矩（和推力）恒定不变，故称这种回路为恒转矩（或推力）调速回路，由于其排量可调得很小，因此其调速范围较大。

（2）定量泵-变量马达容积调速回路

将图 7-12（b）中的变量泵换成定量泵，定量马达置换成变量马达即构成定量泵-变量马达容积调速回路，如图 7-13 所示。定量泵的转速和排量是不变的，改变变量马达的排量即可达到调速的目的。液压泵最高供油压力同样由溢流阀来限制。该调速回路中马达能输出的最大转矩与变量马达的排量成正比，马达转速与其排量成反比，能输出的最大功率恒定不变，故称这种回路为恒功率调速回路。

这种调速回路具有恒功率调速的特点，但调速范围小，（马达的排量因受到拖动负载能力和机械强度的限制而不能调得太小），且不能使液压马达平稳反向，因此这种调速回路目前很少单独使用。

（3）变量泵-变量马达组成的容积调速回路

如图 7-14 所示，双向变量泵 1 可双向供油，用以实现液压马达的换向。单向阀 6 和 7 用于实现双向补油，而单向阀 8 和 9 则是溢流阀 5 能在两个方向起安全作用。

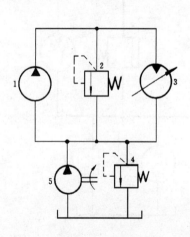

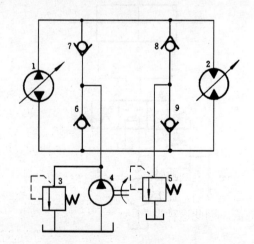

图 7-13　定量泵-变量马达容积调速回路　　　　图 7-14　变量泵-变量马达容积调速回路

　1—定量泵　2、4—溢流阀；　　　　　　　　1—双向变量泵　2—双向变量马达

　3—变量马达　5—辅助定量泵　　　　　3、5—溢流阀　4—辅助定量泵　6、7、8、9—单向阀

改变变量泵 1 的排量和变量马达的排量均可实现马达的调速，因而扩大了回路的调速范

围，并扩大了马达输出转矩和功率的选择性。这种回路兼有以上两种调速回路的特性。在低速段将马达的排量固定在最大值上，由小到大调节的排量来调速，其最大输出扭矩不变；在高速段将泵的排量固定在最大值上，由大到小 调节马达的排量来调速，其最大输出功率不变。总的调速范围为低、高速两段调速范围的乘积。这种调速回路适用于机床主运动等大功率液压系统。

3. 容积节流调速回路

容积节流调速回路采用变量泵供油，用流量阀控制进入或流出液压缸的流量来调节液压缸的运动速度，并可使变量泵的供油量自动的与液压缸所需的流量相适应。

如图 7-15 为用限压式变量泵与调速阀组成的调速回路。调节调速阀可以调节输入液压缸的流量。如果调速阀开口由大到小，则变量泵输出的流量也随之由大减小，以相适应。这是因为调速阀开口变小，则液阻增大，泵的出口压力也随之升高，使泵的偏心自动减小，直至泵的输出流量等于调速阀允许通过的流量为止。如果限压变量泵的流量小于调速阀调定的流量，则泵的压力将降低，使泵的偏心自动增大，泵的输出流量增大到与调速阀调定的流量相适应。这里，调速阀除了稳定进入液压缸的流量外，还可使泵的输出流量和液压缸所需流量相适应。

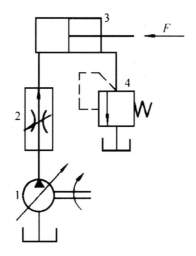

图 7-15　容积节流调速回路
1—变量泵　2—调速阀　3—液压缸　4—溢流阀

这种调速回路特点是低速稳定性比容积调速高，有节流功率损失，但没有溢流功率损失，回路效率较高，比容积调速的回路效率稍低，随着负载减小，其节流损失也就增大，相应效率降低。因此这种调速回路不宜用于负载变化大且大部分时间在低负载下工作场合。

7.3.2　快速运动回路

快速运动回路又称增速回路，其功用在于使液压执行元件在空载时获得所需的高速，以提高系统的工作效率或充分利用功率。实现快速运动视其设计方法不同有多种运动回路。下面介绍几种常用的快速运动回路。

1. 差动连接快速运动回路

差动连接回路特点为当液压缸前进时，从液压缸有杆腔排出的油再从无杆腔进入液压缸，增加进油口处的油量，可使液压缸快速前进，但同时也使液压缸的推力变小。

如图 7-16 所示为利用液压缸差动连接获得快速运动的回路。当电磁铁 1YA 通电时，二位三通电磁换向阀常态位使压力油与液压缸左、右两腔同时相通，形成差动连接，可使液压缸获得快速运动；同时当 3YA 带电，阀 4 右位接通油路，使液压缸右腔回油路经调速阀 5，实现活塞慢速运动。这种回路简单、经济，但快、慢速的转换不够平稳。

2. 双泵供油快速运动回路

如图 7-17 所示为双联泵供油的快速回路，液压泵 1 为低压大流量泵，液压泵 2 为高压小流量泵。快速运动时，由于负载小，系统压力小于液控顺序阀（又称卸荷阀）的开启压力。则阀 3 关闭。泵 1 的油液通过单向阀 8 与泵 2 汇合在一起进入液压缸，以实现快速运动。当工作行程时，负载大，系统压力升高，左边阀 3 被打开，并关闭单向阀 8，大流量泵卸荷，小流量泵给系统供油，实现工进。当需要快退运动时，系统压力较低，阀 3 关闭，由两台泵共同向系统供油。外控顺序阀 3 的开启压力应比快速运动时所需压力大 0.8～1.0 MPa。

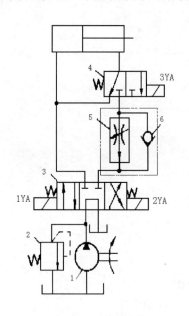

图 7-16　差动回路
1—泵　2—溢流阀　3、4—换向阀
5—调速阀　6—单向阀

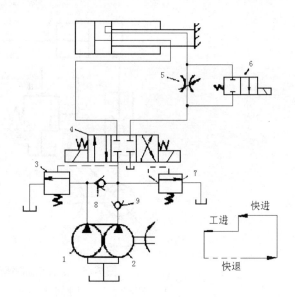

图 7-17　双泵供油回路
1、2—双联泵　3—液控顺序阀　4、6—换向阀
5—节流阀　7—溢流阀　8、9—单向阀

3. 增速液压缸快速运动回路

所谓增速缸实际上是一种复合液压缸。如图 7-18 所示，其活塞内含有柱塞缸，中间有孔的柱塞又和增速缸体固连。当换向阀 2 在左位工作时，液压泵输出的压力油先进入工作面积小的柱塞缸内，使活塞快进，增速缸 I 腔内出现真空，便通过单向阀 7 补油。活塞快进结束时应使二通阀 4 在右位工作，压力油便同时进入增速缸 I 腔和 II 腔，此时因工作面积增大，

便获得大推力、低速运动,实现工作进给。换向阀 2 在右位工作时,压力油便进入面积很小的Ⅲ腔并打开液控单向阀 7,增速缸快退。

4. 采用蓄能器的快速补油回路

对于间歇运转的液压机械,当执行元件间歇或低速运动时,泵向蓄能器充油。而在工作循环中,当某一工作阶段执行元件需要快速运动时,蓄能器作为泵的辅助动力源,可与泵同时向系统提供压力油。

如图 7-19 所示为一蓄能器的快速回路。当液压缸停止时,液压泵向蓄能器充油,油液压力升至液控顺序阀的调定压力时,打开液控顺序阀,液压泵卸荷。将换向阀移到阀左位时,蓄能器所储存的液压油即可释放出来加到液压缸,活塞快速前进。例如活塞在做加压等操作时,液压泵即可对蓄能器充压(蓄油)。当换向阀移到阀右位时,蓄能器液压油和泵排出的液压油同时送到液压缸的活塞杆端,活塞快速回行。这样系统中可选用流量较小的油泵及功率较小的电动机,可节约能源并降低油温,实现短期大量供油。

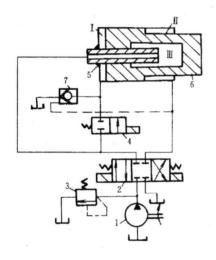

图 7-18　增速缸快速回路

1—泵　2、4—换向阀　5—液压缸
6—活塞　7—液控单向阀

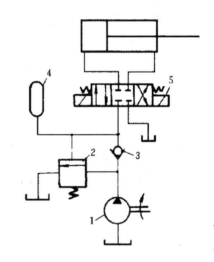

图 7-19　采用蓄能器的快速回路

1—液压泵　2—液控顺序阀　3—单向阀
4—蓄能器　5—换向阀

7.3.3　速度换接回路

在液压系统中,液压执行元件在一个工作循环中往往需要从一种运动速度变换到另一种运动速度,如液压执行元件快速到慢速的换接;两个慢速之间的换接(从一次工作进给转换到二次工作进给)。这时可采用速度换接回路。实现这些功能的回路应该具有较高的速度换接平稳性。

1. 快速与慢速的换接回路

(1)用行程阀来实现快速与慢速换接回路。在图 7-20(a)所示的状态下,液压缸快进,当活塞所连接的挡块压下行程阀 6 时,行程阀关闭,液压缸右腔的油液必须通过节流阀 5 才能流回油箱，活塞运动速度转变为慢速工进。当换向阀左位接入回路时，压力油经单向阀 4 进入液压缸右腔，活塞快速向右返回。这种回路的优点是快、慢速换接过程比较平稳，换接点的位置比较准确。其缺点是行程阀的安装位置不能任意布置，管路连接较为复杂。

（2）用电磁阀来实现速度换接回路。图 7-20（b）所示是用二位二通电磁换向阀与调速阀并联的快慢速换接回路。这种回路可能实现快进、工进、快退、停止的工作循环。当电磁铁 1YA、3YA 通电时，液压泵的压力油经二位二通阀全部进入液压缸中，工作部件实现快速运动。当 3YA 断电，切换油路，则液压泵的压力油经调速阀进入液压缸，将快进换接为工作进给。当工进结束后，运动部件碰到止挡块停留，液压缸工作腔压力升高，压力继电器发信号，使 1YA 断电，2YA、3YA 通电，工作部件快速退回。这种回路安装连接将比较方便，但速度换接的平稳性、可靠性以及换向精度较差。

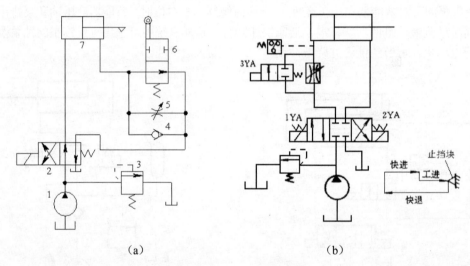

（a）　　　　　　　　　　　　　　（b）

图 7-20　快速与慢速换接回路

2. 两种慢速换接回路

两个调速阀来实现不同工进速度的换接回路。

（1）两个调速阀并联。如图 7-21 所示为两个调速阀并联的二次工进速度换接回路。图 7-21（a）由换向阀 3 实现换接。两个调速阀 A、B 可以独立地调节各自的流量，互不影响；但是一个调速阀工作时另一个调速阀内无油通过，它的减压阀不起作用而处于最大开口状态，因而速度换接时大量油液通过该处将使机床工作部件产生突然前冲现象。因此它不宜用于工作过程中速度换接的场合，只可用于速度预选的场合。若将两调速阀按图 7-21（b）所示的方式并联，则可克服液压缸前冲的现象，速度环接平稳。

（2）两调速阀串联的速度换接回路。图 7-22 所示当主换向阀左位接入系统时，二位二通换向阀在常态位时，调速阀 B 被二位二通换向阀短接；输入液压缸的流量由调速阀 A 控制。当 3YA 带电，二位二通换向阀右位接入回路时，由于通过调速阀 B 的流量调得比 A 小，因此输入液压缸的流量由调速阀 B 控制。在这种回路中，调速阀 B 的开口必须小于调速阀 A 的开口，调速阀 A 一直处于工作状态，它在速度换接时限制着进入调速阀 B 的流量，因此它的速度换接平稳性比较好，但由于油液经过两个调速阀，因此能量损失比较大。

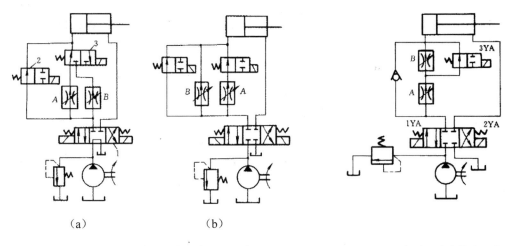

（a）　　　　　　　　　　（b）

图 7-21　并联调速回路　　　　　　　　图 7-22　串联的速度换接回路

7.4　多缸动作回路

在液压系统中，由一个油源向多个液压缸供油时，为满足各缸的顺序动作或同步动作的要求，以防止各缸之间油液压力和流量的干扰，常用一些具有特殊功能的回路，例如顺序动作回路、同步回路、互不干扰回路等。

7.4.1　顺序动作回路

顺序动作回路的功用是使多缸液压系统中的各个液压缸严格地按规定的顺序动作。按控制方式不同，顺序动作回路可分为压力控制和行程控制两大类。

1.　用压力控制顺序动作回路

（1）采用顺序阀控制顺序动作。图 7-23 所示为顺序阀控制的顺序动作。回路中采用两个单向顺序阀用来控制液压缸顺序动作，其中顺序阀 D 的调定压力值大于液压缸 A 右行时的最大工作压力，故压力油先进入液压缸 A 的左腔，实现动作①。缸 A 移动到位后，压力上升，直到打开顺序阀 D 进入液压缸 B 的左腔，实现动作②。换向阀切换至右位后，过程与上述相同，先后完成动作③和④。顺序阀的调定压力应比前一个动作的工作压力高出 1 MPa（中低压阀约 0.5 MPa）左右，否则顺序阀因系统压力脉动易造成误动作。

这种回路动作灵敏，安装连接较方便。但可靠性不高，位置精度低。适用于液压缸数目不多、负载变化不大的场合。

（2）采用压力继电器的顺序动作。图 7-24 所示用压力继电器控制的顺序动作回路。两液压缸的顺序动作是通过压力继电器对两个电磁换向阀的操纵来实现的。压力继电器的动作压力应高于前一动作最高工作压力，以免产生错误动作。其动作原理如下，当电磁铁 1YA 通电后，压力油进入缸 A 左腔，其活塞右移实现动作①；当缸 A 到达终点后系统压力升高使压力继电器 1 动作，并使电磁铁 3YA 通电，此时压力油进入缸 B 左腔，缸 B 活塞右移实现动作②。同理，当电磁铁 3YA 断电，电磁铁 4YA 通电时，压力油开始进入缸 B 右腔，使其活塞先向左退回实现动作③；而当缸 B 退回到原位后，压力继电器 2 开始动作，并使电磁铁 1YA 断电、2YA 通电，此时压力油进入缸 A 右腔，使其活塞最后向左退回实现动作④。

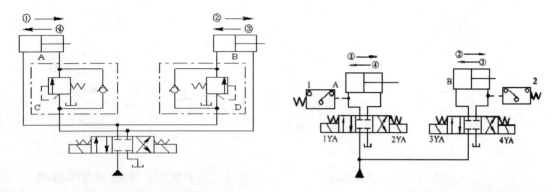

图 7-23　用顺序阀控制的顺序动作　　　　　图 7-24　用压力继电器控制的顺序动作

此回路使用方便，顺序动作转换迅速且顺序可变。但压力继电器及其调定压力对回路工作可靠性有重大影响。只适用于继电器数量不多且负载较稳定的场合。

2. 行程控制顺序动作回路

（1）行程阀控制的顺序动作回路。图 7-25 所示为用行程阀控制的顺序动作回路。在图示状态下，A、B 两液压缸活塞均在右端。当推动手柄时，使阀 C 左位工作，缸 A 左行，完成动作①；挡块压下行程阀 D 后，缸 B 左行，完成动作②；手动换向阀复位后，缸 A 先复位，实现动作③；随着挡块后移，阀 D 复位，缸 B 退回，实现动作④。至此，顺序动作全部完成。

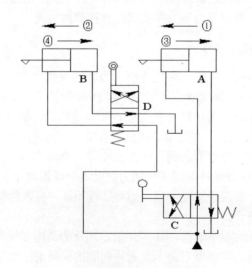

图 7-25　用行程阀控制的顺序动作

这种回路工作可靠，但动作顺序一经确定，再改变就比较困难了，同时管路长，布置比较麻烦。

（2）由行程开关控制的顺序动作回路。图 7-26 所示为用行程开关控制的顺序动作回路。当阀 E 电磁铁 1YA 带电换向时，缸 A 左行，完成动作①；触动行程开关 S_1 使阀 F 电磁铁 2YA 带电换向，控制缸 B 左行完成动作②；当缸 B 左行至触动行程开关 S_2 时，阀 E 电磁铁 1YA 断电，缸 A 返回，实现动作③后，触动 S_3 使 F 电磁铁 2YA 断电，缸 B 返回，完成动作④；最后触动 S_4 使泵卸荷或引起其他动作，完成一个工作循环。

这种回路控制灵活、方便，但其可靠程度主要取决于电气元件的质量。

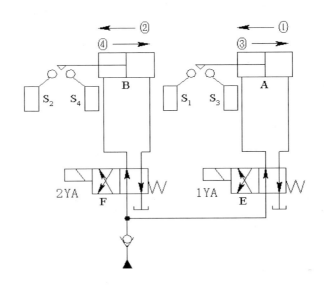

图 7-26　用行程开关控制的顺序动作

7.4.2　同步回路

在液压装置中，常需使两个或两个以上的液压缸在运动中保持相同位移或相同速度运动的回路。在多缸液压系统中，由于负载、泄露、摩擦阻力和制造精度等都会使液压缸运动不同步。因此同步回路要尽量减少这些因素的影响，以提高同步精度。理论上依靠流量控制即可达到这一目的，若要做到精密的同步，则须采用比例式阀或伺服。但若要做到精密的同步，则须采用比例式阀或伺服阀配合电子感测元件、计算机来达到。

1. 用调速阀的同步回路

图 7-27 所示为使用调速阀的同步回路，图 7-27（a）为单向同步回路，两个调速阀可分别调节两个并联液压缸有杆腔流出的流量，使两缸向右运动的速度相等。图 7-27（b）为双向同步回路，可通过调速阀调节液压缸上下两个行程运动速度。由于受油温变化和调速阀性能差异影响，很难调整得使两个流量一致，所以精度较差。

这种回路结构简单，成本低，运动速度可调，效率较低，受油温影响较大，同步精度偏低。适用于同步精度要求不太高的场合。

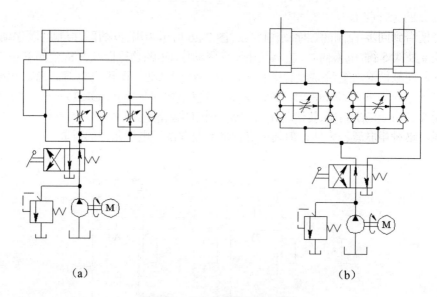

（a） （b）

图 7-27 用调速阀的同步回路

2. 机械连接实现同步的回路

图 7-28 所示为机械连接同步回路，将两支（或若干支）液压缸运用机械装置（如齿轮或刚性梁）将其活塞杆连结在一起使它们的运动相互受牵制，因此，即可不必在液压系统中采取任何措施而达到同步，此种同步方法简单，工作可靠，它不宜使用在两缸距离过大或两缸负载差别过大的场合。

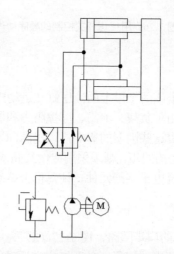

图 7-28 机械连接实现同步回路

这种回路特点是同步方法简单，工作可靠，但它不宜使用在两缸距离过大，负载差别过大的场合。

3. 带补偿装置的液压缸串联同步回路

图 7-29 为带补偿装置的液压缸串联同步回路。在这个回路中，缸 1 的有杆腔 A 的有效面

积与缸 2 的无杆腔 B 的面积相等,因而从 A 腔排出的油液进入 B 腔后,从理论上两液压缸的升降便得到同步。当三位四通换向阀右位工作时两缸下行,若缸 1 活塞先到底,将触动行程开关 a 使阀 5 得电,压力油经阀 5 和液控单向阀 3 向缸 2 的 B 腔补油,使活塞继续下降到底,误差即被消除。若缸 2 活塞先到底,则触动行程开关 b 使阀 4 得电,控制压力油经阀 4 打开液控单向阀 3,缸 1 下腔油液经液控单向阀 3 及阀 5 回油箱,其活塞继续下降到底。这种补偿措施虽不能实现双向补偿但可使同步误差在每一次下行运动中都可消除,以避免误差的积累。这种串联式同步回路只适用于负载较小的液压系统。

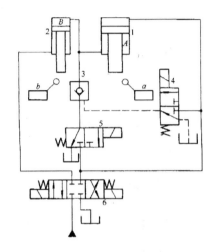

图 7-29　带补偿装置的液压缸串联同步回路

7.4.3　多缸快慢互不干扰回路

在多缸工作的液压系统中,其中一个液压缸快速运动时,大量油液进入液压缸,将使整个系统的压力下降,影响其他液压缸的正常工作状态。为了防止液压系统中的几个液压缸因速度快慢的不同而在动作上的相互干扰,可采用多缸快慢速互不干扰回路。

如图 7-30 所示十多缸快、慢互不干扰回路。图示两液压缸 13、14 分别要完成快进、工进和快退的自动循环。图中两缸的快速运动由低压大流量液压泵 2 供油,其压力由溢流阀 4 调整。两缸的慢速运动则由高压小流量 1 液压泵供油,其压力由溢流阀 3 调整。为使两泵的供油隔离,回路中采用了二位五通换向阀,从两泵来油分别由阀体上的两个油孔进入,使之互不干扰。

当电磁铁 3YA、4YA 通电时,缸 A(或 B)左右两腔由两位五通电磁换向阀 7、11(或 8、12)连通,由泵 2 供油来实现差动快进过程,此时泵 1 的供油路被阀 7(或 8)切断;设缸 A 先完成快进,由行程开关使电磁铁 1YA 通电,3YA 断电,此时泵 2 对缸 A 的进油路被切断,而泵 1 的进油路打开,缸 A 由调速阀 5 调速做工进,缸 B 仍做快进,互不影响。当个缸都转为工进后,他们全由泵 1 供油。此后,若缸 13 又率先完成工进,行程开关应使阀 7 和阀 11 的电磁铁都通电,缸 13 即由泵 2 供油快退。当各电磁铁皆通电时,各缸停止运动,并被锁止于所在位置上。

这种回路工作可靠,但效率较低,常用在速度平稳性要求较高的多缸系统中。

此外,用蓄能器保压也可以达到防干扰的目的。当其中一个缸因快进而使主油路压力下降时，蓄能器可以起到供油保压的作用。

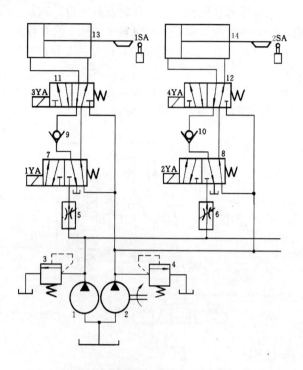

图7-30　双泵供油互不干扰回路

1—高压小流量泵　2—低压大流量泵　3、4—溢流阀　5、6—调速阀
7、8、11、12—换向阀　9、10—单向阀　13、14—液压缸

7.5　思考题

1. 锁紧回路中三位换向阀的中位机能是否可任意选择？为什么？

2. 在液压系统中，当工作部件停止运动以后，使泵卸荷有什么好处？

3. 有些液压系统为什么要有保压回路？它应满足那些基本要求？

4. 如何调节执行元件的运动速度？常用的调速方法有哪些？

5. 按流量控制阀安装位置不同，节流调速回路分为哪些？比较它们的速度负载特性，并说明它们的应用场合。

6. 在题图 7-31 所示的回路中，若溢流阀的调整压力分别为 p_{Y1}=6MPa，p_{Y2}=4.5 MPa，泵出口处的负载阻力为无限大，试问在不计管道损失和调压偏差：

（1）换向阀下位接入回路时，泵的工作压力为多少？B点和C点的压力各为多少？

（2）换向阀上位接入回路时，泵的工作压力为多少？B点和C点的压力又是多少？

7. 在题图 7-32 中，已知活塞运动时的负载 F=1.2 kN，活塞面积为 $15×10^{-4}$m^2，溢流阀调整值为 4.5 MPa，两个减压阀的调整值分别为 p_{J1}=3.5 MPa 和 p_{J2}=2 MPa，如油液流过减压阀及管路时的损失可忽略不计，试确定活塞在运动时和停在终端位置处时，A、B、C 三点的压力值。

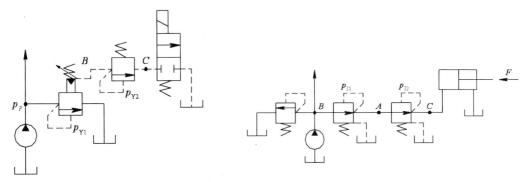

图 7-31　题 6 图　　　　　　　　　　图 7-32　题 7 图

8. 根据题图 7-33 所示，填写当实行下列工作循环时的电磁铁动态表 7-1。

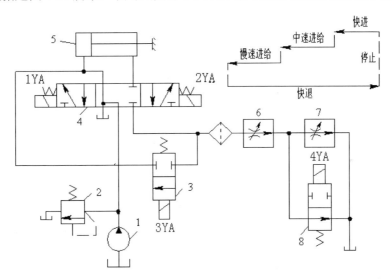

图 7-33　题 8 图

表 7-1

	1YA	2YA	3YA	4YA
快进				
中速进给				
慢速进给				
快退				

9. 如题图 7-34 所示的液压系统能实现："A 夹紧→B 快进→B 工进→B 快退→B 停止→A 松开→泵卸荷" 等顺序动作的工作循环。

（1）试列出上述循环时电磁铁动态表（如题 8 中相似的表）。

（2）说明系统是由哪些基本回路组成的。

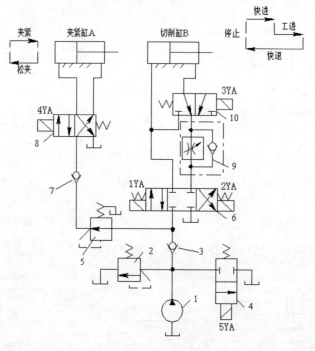

图 7-34　题 9 图

第8章 液压系统应用实例及液压系统设计

本章介绍几个不同类型的典型液压系统，分析这些液压系统的工作过程和特点。通过对这些系统的学习和分析，进一步加深对各个液压元件和基本回路综合应用的认识，并学会进行液压系统分析的方法，为液压系统的设计、调整、使用和维护打下基础。

分析液压系统要掌握分析方法和分析内容。任何一个液压系统的分析都必须从其主机的工作特点、动作循环和性能要求出发，才能正确分析、了解系统的组成、元件作用和各部分之间的相互联系。系统分析的要点是：系统实现的动作循环、各液压元件在系统中的作用和组成系统的基本回路。分析内容主要有：系统的性能和特点；各工况下系统的油路情况；压力控制阀调整压力的确定依据及调压关系。

一般地，分析复杂的液压系统图有以下几个步骤。

（1）了解设备的工艺对液压系统的动作要求。

（2）了解系统的组成元件，并以各个执行元件为核心将系统分为若干子系统。

（3）分析子系统含有哪些基本回路，根据执行元件动作循环读懂子系统。

（4）分析子系统之间的联系以及执行元件间实现互锁、同步、防干扰等要求的方法。

（5）总结归纳系统的特点，加深理解。

8.1 组合机床动力滑台液压系统

8.1.1 概述

液压动力滑台是利用液压缸将泵站所提供的液压能转变成滑台运动所需的机械能。它对液压系统性能的主要要求是速度换接平稳，进给速度稳定，功率利用合理，效率高，发热少。图 8-1 所示为组合机床液压动力滑台的组成。

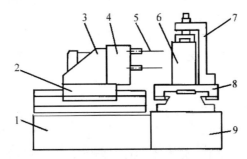

图 8-1 组合机床液压动力滑台的组成

1—床身 2—动力滑台 3—动力头 4—主轴箱 5—刀具

6—工件 7—夹具 8—工作台 9—底座

8.1.2　YT4543 型动力滑台液压系统的工作原理

如图 8-2 所示的为 YT4543 型动力滑台的液压系统，该系统采用限压式变量泵供油、电液动换向阀换向、快进由液压缸差动连接来实现。用行程阀实现快进与工进的转换、二位二通电磁换向阀用来进行两个工进速度之间的转换，为了保证进给的尺寸精度，采用了止挡块停留来限位。通常实现的工作循环为：

快进→第一次工作进给→第二次工作进给→止挡块停留→快退→原位停止。

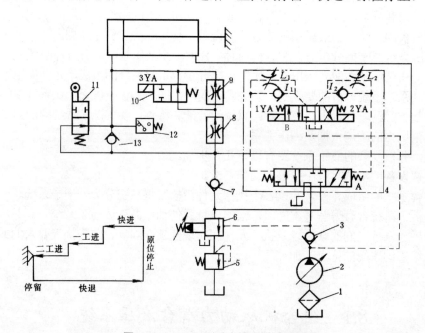

图 8-2　YT4543 型动力滑台的液压系统
1—过滤器　2—变量泵　3、7、13—单向阀　4—电液换向阀　5—背压阀　6—液控顺序阀
8、9—调速阀　10—电磁换向阀　11—行程阀　12—压力继电器

1. 快进

按下启动按钮，电磁铁 1YA 得电，电液动换向阀 4 的先导阀阀芯向右移动从而引起主阀芯向右移，使其左位接入系统，其主油路为：

进油路：泵 2→单向阀 3→换向阀 4 主阀 A（左位）→行程阀 11（下位）→液压缸左腔；

回油路：液压缸的右腔→换向阀 4 主阀 A（左位）→单向阀 7→行程阀 11（下位）→液压缸左腔。

这时形成液压缸差动连接快进。

2. 第一次工作进给

当滑台快速运动到预定位置时，滑台上的行程挡块压下了行程阀 11 的阀芯，切断了该通道，使压力油须经调速阀 8 进入液压缸的左腔。由于油液流经调速阀，系统压力上升，打开液控顺序阀 6，此时单向阀 7 的上部压力大于下部压力，所以单向阀 7 关闭，切断了液压缸的差动回路，回油经液控顺序阀 6 和背压阀 5 流回油箱使滑台转换为第一次工作进给。其油路是：

进油路：泵 2→单向阀 3→换向阀 4 主阀 A（左位）→调速阀 8→ 换向阀 10（右位）→液压缸左腔；

回油路：液压缸右腔→换向阀 4 主阀 A（左位）→顺序阀 6→背压阀 5→ 油箱。

因为工作进给时，系统压力升高，所以变量泵 2 的输油量便自动减小，以适应工作进给的需要，进给量大小由调速阀 8 调节。

3. 第二次工作进给

第一次工进结束后，行程挡块压下行程开关使 3YA 通电，二位二通换向阀将通路切断，进油必须经调速阀 8、9 才能进入液压缸，此时由于调速阀 9 的开口量小于阀 8，所以进给速度再次降低，其他油路情况为同一工进。

4. 止挡块停留

当滑台工作进给完毕之后，碰上止挡块的滑台不再前进，停留在止挡块处，同时系统压力升高，当升高到压力继电器 12 的调整值时，压力继电器动作，经过时间继电器的延时，再发出信号使滑台返回，滑台的停留时间可由时间继电器在一定范围内调整。

5. 快退

时间继电器经延时发出信号，2YA 通电，1YA、3YA 断电，主油路为：
进油路：泵 2→单向阀 3→换向阀 4 主阀 A（右位）→液压缸右腔；
回油路：液压缸左腔→单向阀 13→换向阀 4 主阀 A 6（右位）→油箱。

6. 原位停止

当滑台退回到原位时，行程挡块压下行程开关，发出信号，使 2YA 断电，换向阀 6 处于中位，液压缸失去液动动力源，滑台停止运动。液压泵输出的油液经换向阀 6 直接回油箱，泵卸荷；该系统的动作循环表和各电磁铁及行程阀动作如表 8-1 所示。

表 8-1　电磁铁和行程阀的动作顺序表

工作循环	信号来源	电磁铁			行程阀
		1YA	2YA	3YA	
快进	启动按钮	+	−	−	−
一工进	挡块压下行程阀	+	−	−	+
二工进	挡块压下行程开关	+	−	+	+
死挡铁停留	死挡铁、压力继电器	+	−	+	+
快退	时间继电器	−	+	−	±
原位停止	挡块压下终点行程开关	−	−	−	−

8.1.3　YT4543 型动力滑台液压系统的特点

（1）系统采用了限压式变量叶片泵—调速阀—背压阀式的调速回路，能保证稳定的低速运动（进给速度最小可达 6.6 mm／min）、较好的速度刚性和较大的调速范围（R=100 mm）。

（2）系统采用了限压式变量泵和差动连接式液压缸来实现快进，能源利用比较合理。滑台停止运动时，换向阀使液压泵在低压下卸荷，减少能量损耗。

（3）系统采用了行程阀和顺序阀实现快进与工进的换接，不仅简化了电气回路，而且使动作可靠，换接精度亦比电气控制高，至于两个工进之间的换接则由于两者速度都较低，采用电磁阀完全能保证换接精度。

8.2　汽车起重机液压系统

8.2.1　概述

汽车起重机是将起重机安装在汽车底盘上的一种起重运输设备。它主要由起升、回转、变幅、伸缩和支腿等工作机构组成，这些工作机构动作的完成由液压系统来实现。对于汽车起重机的液压系统，一般要求输出力大，动作要平稳，耐冲击，操作要灵活、方便、可靠、安全。

如图 8-3 所示为 Q2-8 型汽车起重机外形简图。这种起重机采用液压传动，最大起重量为 80 kN（幅度 3 m 时），最大起重高度为 11.5 m，起重装置连续回转。该机具有较高的行走速度，可与装运工具的车编队行驶，机动性好。当装上附加吊臂后（图中未表示），可用于建筑工地吊装预制件，吊装的最大高度为 6 m。液压起重机承载能力大，可在有冲击、振动、温度变化大和环境较差的条件下工作。其执行元件要求完成的动作比较简单，位置精度较低。因此液压起重机一般采用中、高压手动控制系统，系统对安全性要求较高。

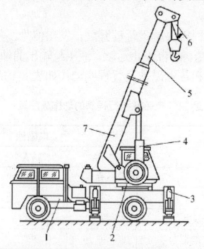

图 8-3　Q2-8 型汽车起重机外形简图
1—载重汽车　2—回转机构　3—支腿　4—掉臂变幅缸　5—伸缩掉臂　6—升起机构　7—基本臂

8.2.2　Q2-8 型起重机液压系统的工作原理

图 8-4 所示为 Q2-8 型汽车起重机液压系统原理图。该系统的液压泵由汽车发动机通过装在汽车底盘变速箱上的取力箱传动。液压泵工作压力为 21 MPa，排量为 40 mL，转速为 1500 r/min。液压泵通过中心回转接头从油箱吸油，输出的压力油经手动阀组 A 和 B 输送到各个执

行元件。溢流阀 12 是安全阀，用以防止系统过载，调整压力为 19 MPa，其实际工作压力可由压力表读取。这是一个单泵、开式、串联（串联式多路阀）液压系统。

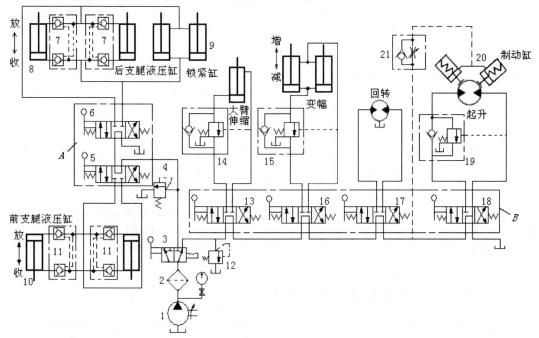

图 8-4　Q2-8 型汽车起重机液压系统原理图

1—液压泵　2—滤油器　3—二位三通手动换向阀　4、12—溢流阀　5、6、13、16、17、18—三位四通手动换向阀　7、11—液压锁　8—后支腿缸　9—锁紧缸　10—前支腿缸　14、15、19—平衡阀　20—制动缸 21—单向节流阀

　　系统中除液压泵、过滤器、安全阀、阀组 A 及支腿部分外，其他液压元件都装在可回转的上车部分。其中油箱也在上车部分，兼作配重。上车和下车部分的油路通过中心回转接头连通。起重机液压系统包含支腿收放、回转机构、起升机构、吊臂变幅等五个部分。各部分都有相对的独立性。

　　（1）支腿收放回路。由于汽车轮胎的支承能力有限，在起重作业时必须放下支腿，使汽车轮胎架空，形成一个固定的工作基础平台。汽车行驶时则必须收起支腿。前后各有两条支腿，每一条支腿配有一个液压油缸。两条前支腿用一个三位四通手动换向阀 6 控制其收放，而两条后支腿则用另一个三位四通阀 5 控制。换向阀都采用 M 形中位机能，油路上是串联的。每一个油缸上都配有一个双向液压锁，以保证支腿被可靠地锁住，防止在起重作业过程中发生"软腿"现象（液压缸上腔油路泄漏引起）或行车过程中液压支腿自行下落（液压缸下腔油路泄漏引起）。

　　（2）起升回路。起升机构要求所吊重物可升降或在空中停留，速度要平稳、变速要方便、冲击要小、启动转矩和制动力要大，本回路中采用 ZMD 40 型柱塞液压马达带动重物升降，变速和换向是通过改变手动换向阀 18 的开口大小来实现的，用液控单向顺序阀 19 来限制重物超速下降。单作用液压缸 20 是制动缸，单向节流阀 21，一是保证液压油先进入马达，使马达产生一定的转矩，再解除制动，以防止重物带动马达旋转而向下滑；二是保证吊物升降停止时，制动缸中的油马上与油箱相通，使马达迅速制动。起升重物时，手动阀 18 切换至左位工作，液压泵1打出的油经滤油器2、换向阀3右位、换向阀13中位、换向阀16中位、换向阀17中位、换向阀18左位、平衡阀19中的单向阀进入马达左腔；同时压力油经单向节流阀到制动液压缸20，从而解除制动，使马达旋转。重物下降时，手动换向阀18切换至右位工作，液压马达反转，回油经阀19的液控顺序阀和换向阀18右位回油箱。当停止作业时，换向阀18处于中位，泵卸荷。制动缸20上的制动瓦在弹簧作用下使液压马达制动。

（3）大臂伸缩回路。本机大臂伸缩采用单级长液压缸驱动。在工作中，改变阀13的开口大小和方向，即可调节大臂运动速度和使大臂伸缩。在行走时，应将大臂缩回。大臂缩回时，因液压力与负载力方向一致，为防止吊臂在重力作用下自行收缩，在收缩缸的下腔回油腔安置了平衡阀14，提高了收缩运动的可靠性。

（4）变幅回路。大臂变幅机构是用于改变作业高度，要求其能带载变幅，动作要平稳。本机采用两个液压缸并联，提高了变幅机构的承载能力。其要求以及油路与大臂伸缩油路相同。

（5）回转油路。回转机构要求大臂能在任意方位起吊。本机采用ZMD40柱塞液压马达，回转速度1 r/min～3 r/min。由于惯性小，一般不设缓冲装置，操作换向阀17可使马达正、反转或停止。

8.2.3　Q2-8型汽车起重机液压系统的特点

（1）该系统为单泵、开式、串联系统，采用了换向阀串联组合，不仅个机构的动作可以独立进行，而且在轻载作业时，可实现起升和回转复合动作，以提高工作效率。

（2）系统中采用了平衡回路、缩紧回路和制动回路，保证了起重机的工作可靠，操作安全。

（3）采用了三位四通手动换向阀换向，不仅可以灵活方便地控制换向动作，还可以通过手柄操纵来控制流量，实现节流调速。在起升工作中，将此节流调速方法与控制发机转速的方法结合使用，可以实现各工作部件微速动作。

（4）各三位四通手动换向阀均采用了M型中位机能，使换向阀处于中位时能使系统卸荷，可以减少系统的损失，适宜于起重机进行间歇性工作。

8.3　液压系统设计简介

液压传动系统是机械设备动力传动系统，因此，它的设计是整个机械设备设计的一部分，必须与主机设计联系在一起同时进行。一般在分析主机的工作循环、性能要求、动作特点等基础上，经过认真分析比较，在确定全部或局部采用液压传动方案之后才会提出液压传动系统的设计任务。

液压系统设计必须从实际出发，注重调查研究，吸收国内外先进技术，采用现代设计思想，在满足工作性能要求、工作可靠要求的前提下，力求使系统结构简单、成本低、效率高、操作维护方便、使用寿命长。

液压系统设计步骤大致为：明确系统设计要求，分析系统工况，确定主要参数，拟订液压系统图，选择液压元件，绘制工作图，编制技术文件。

8.3.1　明确系统设计要求

设计要求是进行工程设计的主要依据。设计前必须把主机对液压系统的设计要求和与设计相关的情况了解清楚，一般要明确下列主要问题：

（1）主机用途、总体布局与结构、主要技术参数与性能要求、工艺流程或工作循环、作业环境与条件等。

（2）液压系统应完成哪些动作，各个动作的工作循环及循环时间；负载大小及性质、运动形式及速度快慢；各动作的顺序要求及互锁关系，各动作的同步要求及同步精度；液压系统的工作性能要求，如运动平稳性、调速范围、定位精度、转换精度，自动化程度、效率与温升、振动与噪声、安全性与可靠性等。

（3）液压系统的工作温度及其变化范围，湿度大小，风沙与粉尘情况，防火与防爆要求，安装空间的大小、外廓尺寸与质量限制等。

（4）经济性与成本等方面的要求，只有明确了设计要求及工作环境，才能使设计的系统不仅满足性能要求，目_具有较高的可靠性、良好的空间布局及造型。

8.3.2　分析系统工况并确定主要参数

1. 分析系统工况

对液压系统进行工况分析，就是要查明它的每个执行元件在各自工作过程中的运动速度和负载的变化规律，这是满足主机规定的动作要求和承载能力所必须具备的。液压系统承受的负载可由主机的规格规定，可由样机通过实验测定，也可由理论分析确定。当用理论分析系统的实际负载时，必须仔细考虑它所有的组成项目。例如：工作负载（切削力、挤压力、弹性塑性变形抗力、重力等）、惯性负载和阻力负载（摩擦力、背压力）等，并把它们绘制成图。如图 8-5（a）所示。同样地，液压执行元件在各动作阶段内的运动速度也须相应地绘制成图，如图 8-5（b）所示。设计简单的液压系统时，这两种图可以省略不画。

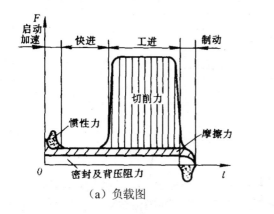

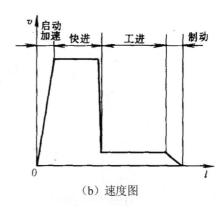

（a）负载图　　　　　　　　　　　　　　（b）速度图

图 8-5　液压系统执行元件的负载图和速度图

2. 确定主要参数

这里是指确定液压执行元件的工作压力和最大流量。液压系统采用的执行元件的形式，视主机所要实现的运动种类和性质而定。

执行元件的工作压力可以根据负载图中的最大负载来选取（见表 8-2），也可以根据主机的类型来选取（见表 8-3）；最大流量则由执行元件速度图中的最大速度计算出来。这两者都与执行元件的结构参数（指液压缸的有效工作面积 A 或液压马达的排量 V）有关。一般的做法是先选定执行元件的形式及其工作压力 P，再按最大负载和预估的执行元件机械效率求出 A 或 V，并通过各种必要的验算、修正和圆整后定下这些参数，最后再算出最大流量 q_{max} 来。

在机床的液压系统中，工作压力选得小些，对系统的可靠性、低速平稳性和降低噪声都是有利的，但在结构尺寸和造价方面则要付出一定的代价。

在初步的验算中，必须使执行元件的最低工作速度 v_{min} 或 n_{min} 符合下述要求：

液压缸 $$\frac{q_{min}}{A} \le v_{min} \tag{8-1}$$

液压马达 $$\frac{q_{min}}{v^M} \le n_{min} \tag{8-2}$$

式中：q_{min}——节流阀或调速阀、变量泵的最小稳定流量，可由产品性能表查出。

液压系统执行元件的工况图是在执行元件结构参数确定之后，根据设计任务要求，算出不同阶段中的实际工作压力、流量和功率之后作出的（见图 8-6）。工况图显示液压系统在实现整个工作循环时这三个参数的变化情况。当系统中包含多个执行元件时，其工况图是各个执行元件工况图的综合。

液压执行元件的工况图是选择系统中其他液压元件和液压基本回路的依据，也是拟定液压系统方案的依据，这是因为：

（1）液压泵和各种控制阀的规格是根据工况图中的最大压力和最大流量选定的。

（2）各种液压回路及其油源形式都是按工况图中不同阶段内的压力和流量变化情况初选后，再通过评比确定的。

（3）将工况图所反映的情况与调研得来的参考方案进行对比，可以对原来设计参数的合理性作出鉴别，或进行调整。例如，在工艺情况允许的条件下，调整有关工作阶段的时间或速度，可以减少所需的功率；当功率分布很不均匀时，适当修改参数，可以避开或削减功率"峰值"等。

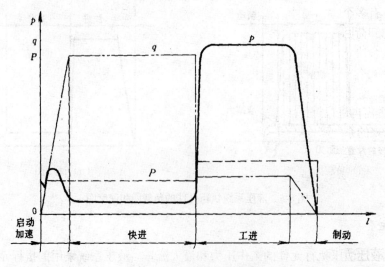

图 8-6　执行元件的工况图

表 8-2　按负载选定工作压力

负载/KN	<5	5~10	10~20	20~30	30~50	>50
系统压力/MPa	<0.8~1	1.6~2	2.5~3	3~4	4~5	>5~7

表 8-3　各类设备常用的系统压力

设备类型	机床					农业机械 汽车工业 小型工程 机械及辅 助机械	工程机械 重型机械 锻压设备 液压支架	船用系统
	磨床	组合机床 牛头刨床 插床 齿轮加工机床	车床 铣床 镗床	珩磨 机床	拉床 龙门刨床			
压力/MPa	<2.5	<6.3	2.5~6.3		<10	10~16	16~32	14~25

8.3.3　拟定液压系统图

　　拟订液压系统草图是从作用原理上和结构组成上具体体现设计任务中提出的各项要求。它包含三项内容：确定系统类型，选择液压回路和拼搭液压系统。

　　液压系统在类型上究竟采用开式还是采用闭式，主要取决于它的调速方式和散热要求。一般说来，凡备有较大空间可以存放油箱且不另设置散热装置的系统、要求结构尽可能简单的系统，或采用节流调速或容积节流调速的系统，都宜采用开式；凡容许采用辅助泵进行补油并通过换油来达到冷却目的的系统、对工作稳定和效率有较高要求的系统，或采用容积调速的系统，都宜采用闭式。

　　选择液压回路是根据系统的设计要求和工况图从众多的成熟方案中评比挑选出来的。挑选时既要保证满足各项主题要求，也要考虑符合节省能源、减少发热、减少冲击等原则。挑选工作首先从对主机主要性能起决定性作用的调速回路开始，然后再根据需要考虑其他辅助回路。例如，对有垂直运动部件的系统要考虑平衡回路；有快速运动部件的系统要考虑缓冲和制动回路；有多个执行元件的系统要考虑顺序动作、同步或互不干扰回路；有空运转要求的系统要考虑卸荷回路等。挑选回路出现多种可能方案时，宜平行展开，反复进行对比，不要轻易作出取舍决定。

　　拼搭液压系统是指把挑选出来的各种液压回路综合在一起，进行归并整理，增添必要的元件或辅助油路，使之成为完整的系统，并在最后检查一下：这个系统能否圆满地实现所要求的各项功能?是否需再进行补充或修正?有无作用相同或相近的元件或油路可以合并?等等。这样才能使拟定出来的系统结构简单、紧凑、工作安全可靠，动作平稳，效率高，使用和维护方便。综合得好的系统方案应全由标准元件组成，至少亦应使自行设计的专用件减少到最低限度。

　　对可靠性要求特别高的系统来说，拟定系统草图时还要考虑"结构储备"问题，那就是在系统中设置一些必要的备用元件或备用回路，以便在工作元件或工作回路发生故障时它们立即能"上岗顶班"，确保系统持续运转，工作不受影响。

8.3.4　选择液压元件

　　液压泵的最大工作压力必须大于或等于液压执行元件最大工作压力和进油路上总压力

损失这两者之和。液压执行元件的最大工作压力可以从工况图中查到。进油路上的总压力损失可以按经验资料选取：一般节流调速及简单系统取 $\Delta P=0.2$ Mpa～0.5 MPa；对于进油路上有调速阀及管路复杂的系统取 $\Delta P=0.5$ Mpa～1.5 MPa。

液压泵的流量必须大于或等于几个同时工作的液压执行元件总流量的最大值以及回路中泄漏量这两者之和。液压执行元件总流量的最大值可以从工况图中找到；回路中的泄漏量可按总流量最大值的 10%～30%选取。

在参照产品样本选取液压泵时,泵的额定压力应选得比上述最大工作压力高 25%～60%,以便留有压力储备；额定流量按上述最大流量选取即可。

液压泵在额定压力和额定流量下工作时,其驱动电机的功率一般可以直接从产品样本上查到。

阀类元件的规格按液压系统的最大压力和通过该阀的实际流量从产品样本上选定。选择节流阀和调速阀时还必须考虑它的最小稳定流量是否符合设计要求。

油管的规格一般是由它所连接的液压件接口处的尺寸决定的。

8.3.5 液压系统性能验算

液压系统性能的验算是一个复杂的问题,目前只是采用一些简化公式进行近似估算,以便定性地说明情况。当设计中能找到经过实践检验的同类型系统作为对比参考,或可靠的实验结果可供使用时,系统的性能验算就可以省略。

（1）回路压力损失验算。回路压力损失包括沿程压力损失、局部压力损失和所有控制阀的压力损失,这三项压力损失可按第二章中相应的计算公式来计算。但必须注意,不同的工作阶段要分开计算；回油路上的压力损失要折算到进油路上,在未画出管路装配图之前,有些压力损失仍只能估算。

（2）发热温升验算。液压泵输入功率与执行元件输出功率的差值为液压系统的功率损失,这些能量损失全部转换成热量,使液压系统产生温升。如果这些热量全部由油箱散发出去,不考虑其他部分的散热效能,当验算出来的温升超过允许值时,系统中必须设置冷却器。

8.4 思 考 题

1. 在图 8-2 所示的 YT4543 型动力滑台液压系统中,阀 3、7、13 在油路中起什么作用?

2. 试分析将图 8-2 所示的 YT4543 型动力滑台液压系统由限压式变量泵供油,改为双联泵和单定量泵供油时系统的不同点?

3. 在 Q2-8 型汽车起重机液压系统中,为什么采用弹簧复位式手动换向阀控制各执行元件动作?

4. 一般液压系统无压力或压力不足产生的原因有哪些?如何解决?

5. 图 8-7 所示专用钻床液压系统,能实现"快进→一工进→二工进→快退→原位停止"工作循环。试填写其电磁铁动作顺序表（通电用"＋"表示,不通电用"－"表示）

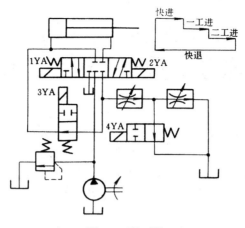

图 8-7 题 5 图

表 8-4 题 5 表

	1YA	2YA	3YA	4YA
快进				
一工进				
二工进				
快退				
原位停止				

6. 填图中车床液压系统完成图示工作循环时各工作阶段电磁铁动作顺序表。

（1）试列出上述循环时电磁铁动态表（如题 5 中相似的表）。通电用"＋"表示，不通电用"－"表示。

（2）说明系统是由哪些基本回路组成的。

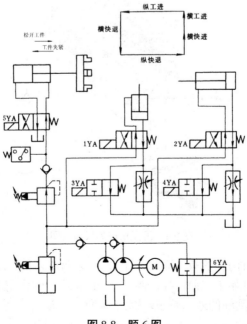

图 8-8 题 6 图

第9章　液压伺服和电液比例控制技术

液压伺服系统是一种自动控制系统，是随着液压传动技术发展和应用而发展起来的新型的液压控制技术。在这种系统中，执行元件的运动是跟随控制元件（或输入信号）运动的改变而变化的，所以又称为随动系统，也称为跟踪系统。其控制精度和响应的快速性远远高于普通的液压传动，因而是现代控制系统的组成部分之一，在国防和工业部门中得到广泛的应用。

9.1　概　　述

9.1.1　液压伺服系统的工作原理

车床上应用的液压仿形刀架，就是一种液压伺服系统。图 9-1 所示为液压仿形刀架的工作原理图。仿形刀架安装在车床纵向溜板上并随溜板作纵向进给运动。样件 8 固定在床身的后侧面。触销 9 与控制阀芯是一整体，在弹簧 3 的作用下始终压在样件 8 上。单活塞杆液压缸 4 的活塞杆固定在纵向溜板上，缸体 5 连同阀体 2 和刀架 6 可在刀架座的导轨上沿液压缸轴线方向移动。

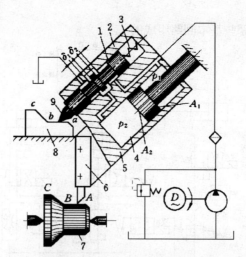

图 9-1　液压仿形刀架原理图

如果单活塞杆液压缸两腔的有效面积之比为 $A_1/A_2=1/2$，则压力之比为 $p_1/p_2=2/1$。当 $\delta_1=\delta_2$ 时，液压缸受力平衡。开始工作前，控制阀芯 1 在弹簧 3 的作用下往外伸，使 δ_1 减小，δ_2 增大，而 δ_1 减小使 p_2 通回油的通道减小，因此 p_2 增大，而 p_1 不变，所以 p_2 大于 $p_1/2$。液压缸两腔推力不相等，$p_2A_2>p_1A_1$，缸体在两腔推力差的作用下，带动刀架 6 和阀体 2 向前移动，直到触销碰上样件 8 时，阀芯 1 不能再移动，阀体 2 在缸体带动下，继续移动至 $\delta_1=\delta_2$，$p_2=p_1/2$ 时刀架停止移动。

当溜板带动刀架以 $v_纵$ 进给时，如果触销沿样件 ab 段移动，触销不会使阀芯相对于阀体产生移动，保持 $\delta_1=\delta_2$，刀架径向位置保持不变，刀具车出工件的圆柱部分 AB。当触销沿样件的 bc 段移动时，阀芯相对于阀体向里移动，假定移动了一个很小距离 Δ，使 δ_2 减小为（$\delta_2-\Delta$），δ_1 增大为（$\delta_1+\Delta$），于是液压缸无杆腔接回油的通道增大，而接压力油的通道减小，因此 p_2 减小，而 p_1 仍不变，则 $p_2<p_1/2$，所以推力 $p_2A_2<p_1A_1$，刀架后退。当后退距离为 Δ 时，$\delta_1=\delta_2$，刀架停止运动。由于溜板以 $v_纵$ 连续进给，而斜面 bc 又有一定长度，使阀芯不断后退，这样使控制阀的开口便一直保持偏离中间位置一个 Δ 值，刀架则以 $v_合$ 速度后退，$v_纵$ 与 $v_仿$ 的合成使刀具加工出相应的锥面 BC，其速度合成情况如图 9-2（a）所示。图 9-2（b）所示为加工直角台阶的情况。为了能加工直角台阶，仿形刀架液压缸的轴线与车床主轴中心线安装成 45°～60° 的斜角。

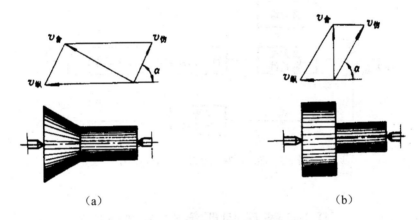

（a）　　　　　　　　　　　　　　（b）

图 9-2　液压仿形刀架速度的合成

9.1.2　液压伺服系统的特点

根据以上分析，液压伺服系统有如下特点：

（1）液压伺服系统是一个自动位置跟踪系统（或随动系统），输出量能够自动地跟随输入量变化规律而变化。

（2）液压伺服系统是一个功率和力放大系统，推动触销所需的力很小，仅几牛顿到几十牛顿，而执行元件（如仿形刀架液压缸）所输出的力很大，可达数千数万牛顿。输出的力远远大于输入信号的力或功率。输出的能量是由液压泵供给的。

（3）液压伺服系统是一个误差系统，为使液压缸能克服阻力并以一定的速度运动，控制阀必须有一定的开口量，所以缸体带动仿形刀架的运动必须落后于阀芯运动，系统输出必落后于系统输入。缸体带动仿形刀架的移动又力图减小这个误差，但任何时刻都不能完全消除这个误差。也可以说液压伺服系统是靠偏差信号进行工作的。

（4）液压伺服系统是一个反馈系统，仿形刀架工作时，触销的位移使控制阀口增大或减小，刀架向前或向后移动，而刀架的移动又使控制阀口减小或增大，这种作用称为反馈。液压仿形刀架中的反馈是负反馈。如果没有反馈，液压仿形刀架就不能实现刀架位置跟随控制阀芯位置的变化而运动。

9.1.3　液压伺服系统的组成

液压伺服系统的工作过程可用图 9-3 所示的工作原理方框图来表示。由图可见，一个液压伺服系统由下列几部分组成：

（1）输入元件。通过输入元件，给出必要信号，如触销。

（2）检测反馈元件。随测量输出量大小，将其转成相应反馈信号，送回比较元件。

（3）比较元件。将输入信号与反馈信号进行比较，将差值（偏差信号）作为放大变换元件输入信号。有时系统没有单独的比较元件，而有反馈元件、输入元件或放大变换元件的一部分来实现其比较的功能。

（4）放大元件。将偏差信号放大并转换后，控制执行元件。

（5）执行元件。直接带动控制对象动作的元件或机构，如液压缸。

（6）控制对象。如工作台，刀架等。

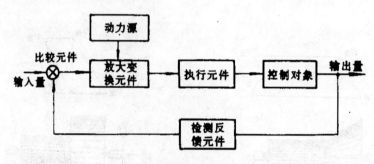

图 9-3　液压伺服系统工作原理方框图

9.2　液压伺服系统的类型

液压伺服控制是以液压伺服阀为核心的高精度控制系统。液压伺服是一种通过改变输入信号，连续、成比例的控制流量和压力进行液压控制的。按控制阀的不同可分为滑阀式、射流管式、喷嘴挡板式和转阀式等四种类型。另外在液压伺服系统中，伺服系统还可按控制信号的类别和回路的组成分为机液、气液和电液伺服系统；按控制方式不同又可分为阀控式和泵控系统。

9.2.1　滑阀式伺服系统

按滑阀工作边数（起控制作用的阀口数）可分为：单边滑阀、双边滑阀和四边滑阀。

如图 9-4 所示为单边滑阀工作原理图，控制阀 1 只有一个控制边起控制作用。压力油直接进入液压缸左腔，并经活塞上的固定节流孔 a 进入液压缸右腔，再通过滑阀唯一的控制边流回油箱。改变控制边开口量 δ，可改变进入液压缸油液压力和流量，从而改变运动速度和方向。

上述液压仿形刀架液压伺服系统中的控制阀就是一种滑阀式液压伺服阀，而且由阀芯和阀体之间形成的两个开口来控制，故又称双边滑阀控制。

如图 9-5 所示为四边滑阀工作原理图，控制阀 1 有四个控制边起控制作用，δ_2 和 δ_3 控制式进入液压缸左右两腔压力油，δ_1 和 δ_4 控制液压缸两腔回油。当阀芯 1 在输入信号作用下左移一个距离时，使控制边的开口量 δ_2 和 δ_4 增大，δ_1 和 δ_3 减小，从而使进入液压缸左腔的油液压力 p_1 升高，进入液压缸右腔的油液的压力 p_2 降低，所以液压缸左移。当输入信号使阀芯 1 右移时，则开口量 δ_1 和 δ_3 增大，δ_2 和 δ_4 减小，使 p_2 升高，p_1 降低，因此液压缸右移。当阀芯处于中位时，$\delta_1 = \delta_2 = \delta_3 = \delta_4$，$p_1 = p_2$，液压缸停止运动。可见，输入信号使控制阀控制边的开口量改变，就可控制液压缸两腔油液的压力和流量，从而控制了液压缸的运动速度和方向。

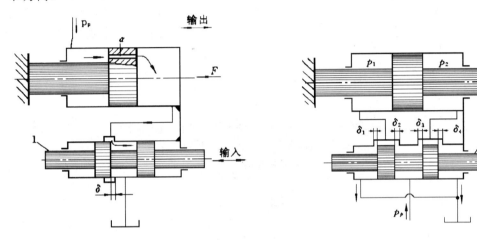

图 9-4　单边滑阀式伺服系统　　　　　　图 9-5　四边滑阀式伺服系统

由上可知，单边、双边和四边滑阀的控制作用基本上是相同的。从控制质量、工作精度和灵敏度上看，控制边数越多越好；从结构工艺上看，控制边数越少越容易制造。

滑阀在零位时有三种开口形式：负开口（$L < l$，$\delta < 0$）、零开口（$L = l$，$\delta = 0$）和正开口（$L > l$，$\delta > 0$）。如图 9-6 所示。零开口阀的工作精度高、控制性能最好，应用广泛，但加工精度要求高；负开口阀有一定的不灵敏区，较少应用；正开口阀的控制性能较负开口的好，但零位功率损耗较大。

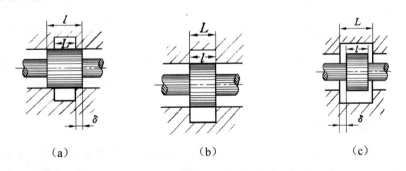

（a）　　　　　　　　　（b）　　　　　　　　　（c）

图 9-6　滑阀的三种开口形式

9.2.2　喷管式液压伺服系统

图 9-7 为喷管式液压伺服系统原理图。它由喷管 3、接受板 2 和液压缸 1 等组成。喷管可绕垂直于图面的轴线向左右摆动一个不大的角度。接受板有两个接受孔口 a 和 b，把喷嘴

中射来的压力油分别与液压缸两腔相通。压力油从管道 c 输入喷管并从锥形喷嘴射出，经接受孔而进入液压缸的两腔。油液经过锥形喷嘴时，因通流面积减小，流速增大，压力能转变为动能，而当油液进入接受孔以后，由于通流面积增大，流速减小，油液的动能又转变为压力能，使液压缸产生向左或向右的运动工作。如果喷嘴处于两接受孔中间的对称位置，则两个接受孔道内的油液压力相等，液压缸不动。如果有输入信号作用在喷管上，例如使喷管绕中心 o 向左偏转一很小角度时，左边接受孔道 a 内的油液压力高于右边接受孔道 b 内的油液压力，使液压缸左腔压力大于右腔，液压在压差的作用下，液压缸就向喷管偏转的方向（此时向左）移动。由于接受板与缸体刚性连接，接受板也向同一方向移动，直到喷嘴又处于两孔道中间对称位置时，液压缸停止运动，形成负反馈。可见液压缸的运动速度和方向，取决于输入信号的大小和方向。

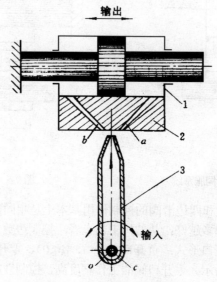

图 9-7　喷管式液压伺服系统

1—液压缸　2—接受板　3—喷管

　　喷管式伺服系统优点是结构简单，元件加工精度要求低，射流管出口处面积大，抗污染能力强，工作可靠，动作灵敏。它的缺点是射流时高速液体流过喷嘴时能量损失较大，效率较低，供油压力高时容易引起振动，且一部分压力油喷出后即流回油箱，功率损耗较大。因此，这种系统只适合低压、功率较小的场合。例如，用在某些液压仿形机床的伺服系统中。

9.2.3　喷嘴-挡板式液压伺服系统

　　喷嘴-挡板式液压伺服系统有单喷嘴式和双喷嘴式两种。图 9-8 所示为双喷嘴-挡板式液压伺服系统原理图。它由挡板 1、喷嘴 3 和 4、固定小孔 2 和 5 以及液压缸 6 组成。挡板和喷嘴之间形成两个可变节流缝隙 σ_1 和 σ_2。当挡板处于中间位置时，两喷嘴腔内的油液压力相等，即 $p_2 = p_1$ 液压缸不动。压力油经两个固定节流孔 2 和 5 以及缝隙 σ_1 和 σ_2 流回油箱。当输入信号使挡板向右偏摆时，缝隙 σ_1 关小，σ_2 开大，使 p_2 上升，p_1 下降，液压缸体向右移动。由于负反馈作用，当喷嘴和缸体移到挡板两边对称位置时，液压缸停止运动。

　　喷嘴-挡板式液压伺服系统结构简单、体积小、运动部分惯性小、位移小、反应快、精度和灵敏度高、使用可靠、加工精度不高。但缺点是其无功损耗大，喷嘴—挡板间距离很小时抗污染能力较差。常用于多级放大伺服系统中作为第一级，即前置放大级。

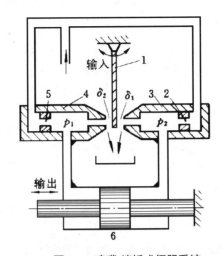

图 9-8　喷嘴-挡板式伺服系统

1—挡板　2、5—固定节流小孔　3、4—喷嘴　6—液压缸

9.2.4　阀控马达式液压伺服系统

图 9-9 所示是阀控马达式液压伺服系统原理图。它由阀芯 4、阀套 3、联轴器 2 和液压马达 1 组成。阀芯由步进电机带动，阀套通过联轴器与液压马达的输出轴相连，并一起转动。当步进电机带动阀芯 4 顺时针方向转动一个角度 θ 时，阀芯 4 和阀套 3 之间的油口打开，压力为 p_p 的油液通过阀口 d 和 h 进入液压马达的一腔；而液压马达另一腔的油液经阀口 b 和 f 与回油接通，于是液压马达的输出轴也顺时针方向转动。这时阀套与液压马达同步转动，实现负反馈，当阀套转过角度 θ 后，阀口 b、d、f、h 均关闭，液压马达停止转动。阀芯反时针方向转动时，液压马达也反时针方向转动。

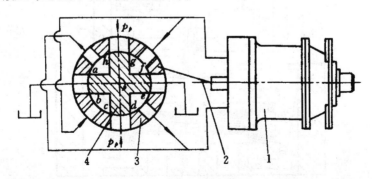

图 9-9　液压转矩放大器

1—液压马达　2—联轴器　3—阀套　4—阀芯

阀控马达式液压伺服系统优点是：用较小的扭矩转动阀芯，就可使液压马达输出很大的扭矩，起到扭矩放大作用，故称液压扭矩放大器，常用在数控机床上。

9.3　电液伺服阀

9.3.1　概述

现代自动控制系统中，电气装置由于反应灵敏、传递快、线路连接方便，适于远距离控制、广泛使用于误差测量和信号放大等部件中。液压装置因输出功率大、刚性好、结构紧凑，是常用的、理想的执行元件。因此两者结合而成的电液伺服系统是将微弱的电气输入信号放大，并以与输入信号成一定比例关系的大功率液压能输出。因此电液伺服系统具有体积小、控制灵活、精度高、响应快、放大倍数大等优点。这种系统中一定要有一个变电气信号为液压信号的转换装置（接口元件），即电液伺服阀。它已广泛应用于位置控制、速度控制、力控制和同步控制等自动控制系统中。

电液伺服阀的类型很多。

按放大级数可分：单级、双级、三级电液伺服阀等。因双级电液伺服阀具有控制精度高、品质好等优点，故应用较多。

按第一级的结构可分：滑阀式、喷嘴-挡板式和射流管式等。

按伺服阀内部结构所采用的反馈形式可分：滑阀位置反馈、负载压力反馈和负载流量反馈等。

9.3.2　电液伺服阀的工作原理

图 9-10 所示是一种典型的电液伺服阀工作原理图。它由电磁和液压两部分组成，电磁部分是一个力矩马达，液压部分是一个两级液压放大器。液压放大器的第一级是双喷嘴-挡板阀，称为前置放大级；第二级是四边滑阀，称为功率放大级。

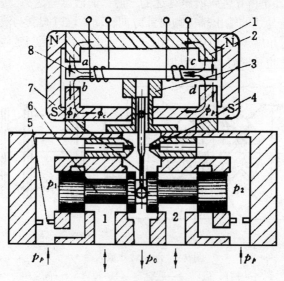

图 9-10　电液伺服阀工作原理图
1——对永久磁铁　2—上下导磁铁　3—弹簧管　4—喷嘴
5—节流孔　6—滑阀　7—挡板　8—衔铁

1. 力矩马达

力矩马达由一对永久磁铁 1、上下导磁体 2、衔铁（包括线圈）8 和弹簧管 3 等组成。它的作用是将输入的电信号转变为力矩，使衔铁绕弹簧管 3 的支点偏转，从而使档板 7 偏移，控制液压部分的喷嘴-挡板工作。

永久磁铁将两导磁体磁化为 N 极和 S 极，形成一个固定磁场。当线圈没有电流通过时，导磁体和衔铁间四个气隙 a、b、c、d 中的磁通都是 Φ_p，且方向相同，因此衔铁处于中间位置。当有控制电流通入线圈时，衔铁被磁化，设通入电流的方向使衔铁产生的磁通 Φ_c 方向如图所示，则在气隙 b、c 中 Φ_p 和 Φ_c 相加，在气隙 a、d 中两者相减，于是衔铁克服弹簧管的弹性反作用力而反时针方向偏 θ，到磁力所产生的扭矩与弹簧管变形产生的反力矩平衡时为止。控制电流越大，θ 角就越大，两者成正比例关系。如果输入控制电流的方向相反，则衔铁偏离中间位置的方向也相反。这样力矩马达就把输入的电信号转换为力矩输出。

2. 液压放大器

力矩马达产生的力矩很小，不能操纵滑阀的启闭，所以必须要在液压放大器中进行两级放大，即前置放大和功率放大。

前置放大级由挡板 7、喷嘴 4、固定节流孔 5 等组成。压力为 p_p 的油液经两固定节流孔 5 流到滑阀 6 左、右两端油腔及左、右喷嘴 4，由喷嘴喷出，经滑阀 6 的中部油腔流回油箱。力矩马达无输出信号时，挡板不动，滑阀左、右两端油腔油压相等，即 $p_2 = p_1$，滑阀 6 也不动。若力矩马达有信号输出，衔铁 8 带动挡板 7 偏转，使喷嘴 4 与挡板 7 之间的间隙不等，致使滑阀两端油腔的油压 $p_2 = p_1$，滑阀 6 便在压力差作用下产生移动。

功率放大级由滑阀 6 和挡板 7 下部的弹簧片等组成。当前置级有压差信号输出时，滑阀移动，传递动力的液压主油路即被接通。因为滑阀位移后的开度与力矩马达的输入信号电流成比例变化，所以电液伺服阀的输出流量也和输入信号电流成比例变化。每一个输入信号电流值，都有一个流量值和它相对应。如果输入信号电流反向时，输出液压油的流向也相反。

滑阀移动时，通过挡板下端的钢球使挡板下部弹簧片产生弯曲变形，其弹性反力一方面力图阻止滑阀继续移动，到滑阀上的液压作用力和挡板弹性反力平衡，滑阀保持一定开度不再移动时为止；另一方面挡板的变形又使它在两喷嘴之间的偏移量减小，以实现反馈作用。因滑阀的某一位置是由挡板弹性反力的反馈作用而达到平衡的，这种反馈是力反馈。

9.4　电液比例控制阀

电液比例控制是介于普通液压阀的开关控制和电液伺服控制之间的控制方式。它能实现对液流压力和流量连续的、按比例的跟随控制信号而变化，因此，它的控制性能优于开关式控制。它与电液伺服控制相比，其控制精度和响应速度较低，但它的成本低，抗污染能力强，近年来在国内外得到重视，发展较快。电液比例控制的核心元件是电液比例阀，简称比例阀。

电液比例控制阀的构成，相当于在普通液压阀上，装上一个比例电磁铁以代替原有的控制部分。根据用途和工作特点的不同，电液比例控制阀可以分为电液比例方向阀、电液比例压力阀和电液比例流量阀三大类。下面对三类比例阀的典型元件作简要介绍。

9.4.1　电液比例换向阀

　　用比例电磁铁取代电磁换向阀中的普通电磁铁，便构成直动型比例换向阀，图 9-11 所示为直动型比例换向阀工作原理图。由于使用了比例电磁铁，阀芯不仅可以换位，而且换位的行程可以连续地或按比例地变化，随着输入电信号强度的变化，比例电磁铁的电磁力将随之变化，从而改变调压弹簧的压缩量，因而连通油口间的通流面积也可以连续地或按比例地变化，所以比例换向阀不仅能控制执行元件的运动方向，而且能控制其速度。图 9-11（b）为其职符号。

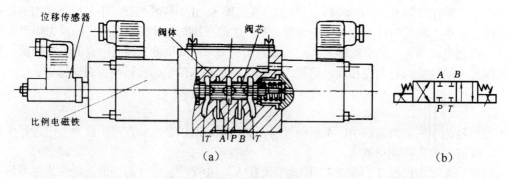

（a）　　　　　　　　　　　　　（b）

图 9-11　直动型比例换向阀

9.4.2　电液比例溢流阀

　　用比例电磁铁取代直动型溢流阀的手调装置，便成为直动型比例溢流阀。图 9-12（a）所示为直动型比例溢流阀工作原理图。比例电磁铁的推杆通过弹簧座对调压弹簧施加推力。随着输入电信号强度的变化，比例电磁铁的电磁力将随之变化，从而改变调压弹簧的压缩量，使锥阀的开启压力随输入信号的变化而变化。若输入信号连续地、按比例地或按一定程序变化，则比例溢流阀所调节的系统压力也连续地、按比例地或按一定的程序进行变化。因此比例溢流阀多用于系统的多级调压或实现连续的压力控制。把直动型比例溢流阀作先导阀与其他普通压力阀的主阀相配，便可组成先导型比例溢流阀、比例顺序阀和比例减压阀。图 9-12（b）为其图形符号。

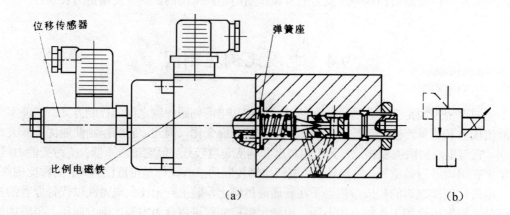

（a）　　　　　　　　　　　　　（b）

图 9-12　直动型比例溢流阀

9.4.3 电液比例调速阀

用比例电磁铁取代节流阀或调速阀的手调装置，以输入电信号控制节流口开度，便可连续地或按比例地远程控制其输出流量，实现执行部件的速度调节。图 9-13 是电液比例调速阀的结构原理及图形符号。图中的节流阀芯由比例电磁铁的推杆操纵，输入的电信号不同，则电磁力不同，推杆受力不同，与阀芯左端弹簧力平衡后，便有不同的节流口开度。由于定差减压阀已保证压差为定值，所以一定的输入电流就对应一定的输出流量，不同的输入信号变化，就对应着不同的输出流量变化。

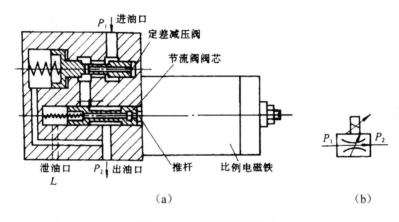

图 9-13 电液比例调速阀

在图 9-11 和图 9-12 中，比例电磁铁前端都附有位移传感器（或称差动变压器），因此这种比例电磁铁称为行程控制比例电磁铁。位移传感器能准确地测定电磁铁的行程，并向放大器发出电反馈信号。电放大器将输入信号和反馈信号加以比较后，再向电磁铁阀出纠正信号以补偿误差。

9.5 思 考 题

1．试分析在图 9-1 中，仿形速度加快一倍对刀架性能有何影响？外负载加大一倍对性能又有何影响？

2．液压伺服系统与液压传动系统有什么区别？使用场合有何不同？

3．电液伺服阀的组成和特点是什么？它在电液伺服系统中起什么作用？

4．电液比例阀由哪两大部分组成？它具有什么特点？

第10章 气压传动概述

气压传动是以压缩空气为工作介质来传递动力和控制信号的一门自动化技术。它是通过汽缸和气马达使工作部件获得所需要的直线往复运动和回转运动,利用各种气动元件和装置组成所需要的控制回路即可实现自动化控制。随着工业生产自动化技术的发展,气压传动和电子、电气及液压技术一样,在各个工业部门得到日益广泛的应用。

10.1 气压传动的工作原理及组成

10.1.1 气压传动的工作原理

下面以气动剪切机为例说明。图10-1所示为气动剪切机的工作原理图。当工料6送入剪切机并达到预定位置时,推动行程阀8的阀芯右移,使换向阀9的控制腔A通过行程阀3与大气相通,换向阀4的阀芯在弹簧作用下向下移动。由空气压缩机1产生压缩空气后经净化过程处理(图略)经过换向器3、换向阀4进入汽缸5下腔。汽缸6上腔的压缩空气则经换向4排入大气。此时,汽缸活塞在气压里的作用下向上运动,带动剪刃将工料6剪断。随即松开行程阀3的阀芯,使之复位,将排气通道封闭,换向阀4的控制腔A中的气压升高,使其阀芯上移,气路换向。压缩空气进入汽缸5上腔,汽缸5下腔排气,汽缸活塞向下运动,带动剪刃复位,准备第二次下料。

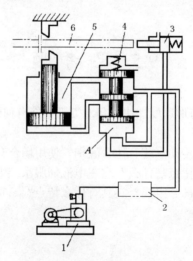

图10-1 气动剪切机的工作原理图

1—空气压缩机 2—空气净化处理过程 3、4—换向阀 5—汽缸 6—工料

由上面可知,气动剪切机是利用空气压缩机将原动机供给的机械能转变为气体的压力能,

压缩空气经管道及控制元件进入汽缸，再将压力能转变为机械能做功而切断工料的。通过控制元件使汽缸活塞带动机构实现切断工料和剪刀复位。如在气路中设置流量控制元件，还可控制剪切机构的运动速度。

10.1.2　气压传动系统的组成

气压传动系统的元件及装置可分为以下几。

（1）气源装置。包括空气压缩机、储气罐、空气净化装置及管道等。它为气动设备提供压缩空气，是气动系统的能源装置。气源装置的核心是空气压缩机。

（2）气动执行元件。将气体压力能转换成机械能的能量转换装置，实现气动系统对外作功的能量输出装置。实现往复直线运动的是汽缸；实现回转运动的是气马达。

（3）气动控制元件。包括各种控制阀，如压力阀、流量阀、方向阀、逻辑元件等，用来控制压缩空气的压力、流量和流动方向以及执行元件的工作程序，以使执行元件完成预定的运动规律。

（4）气动辅件元件。包括空气过滤器、油雾器、消声器及管件等，用以压缩空气、净化、润滑、消声以及用于元件间连接等。

（5）气动工作介质。气压传动系统中所用的工作介质是压缩的空气。

10.2　气压传动的特点

直到目前，我们所掌握传动和控制方式可分为机械方式、电气方式、液压方式和气动方式四大类。这些方式都有各自的优缺点及其最适合的适用范围。气动技术与其他的传动和控制方式相比，其主要优缺点如下。

10.2.1　气压传动的优点

（1）工作介质是空气，来源方便，使用后直接排入大气，处理方便，不污染环境。

（2）空气的粘性很小，在管路中流动是压力损失远远小于液压系统，适用于远距离传输和集中供气。

（3）气压传动反应快，动作迅速（一般仅需 0.02～0.03 s 即可建立起压力和速度），维护方便，管路不易堵塞，且没有介质变质、补充和更换等问题。

（4）工作环境适应性好。特别是在易燃、易爆、多尘埃、强磁、强振、潮湿、强辐射和温度变化大的恶劣环境中，工作安全可靠性优于液压、电子和电气系统。

（5）气压传动系统能够实现过载自动保护。

（6）气动元件的结构简单，制造容易、精度低，降低了成本。适于标准化、系列化和通用化。

10.2.2　气压传动的缺点

（1）空气具有可压缩性，当负载变化时气动系统的动作稳定性较差。

（2）气动系统的工作压力低，气动装置的体积大，但产生的推力小，传动效率低。

（3）气压传动系统中，空气传递信号的速度限制在声速范围内，工作频率和响应速度远不如电子装置，并且信号会产生较大的失真和延迟，不宜用在高速传递的负载回路中。

（4）因空气无润滑性能，故在气路中要另设润滑装置。

（5）气压传动系统有较大的排气噪声，工作时需加消声器。

10.3　气压传动系统的应用及发展

10.3.1　气压传动系统在工业中的应用

气动技术用于简单的机械操作中已有相当长的时间了，最近几年随着气动自动化技术的发展，气动技术起到了重要的作用。

气动自动化控制技术是利用压缩空气作为传递动力或信号的工作介质，配合气动控制系统的主要气动元件，与机械、液压、电气、电子（包括 PLC 控制器和微机）等部分或全部综合构成的控制回路，使气动元件按工艺要求的工作状况，自动按设定的顺序或条件动作的一种自动化技术。用气动自动化控制技术实现生产过程自动化，是工业自动化的一种重要技术手段，也是一种低成本自动化技术。

气动技术在工业中的应用如下：

（1）物料输送装置：夹紧、传送、定位、定向和物料流分配；

（2）一般应用：包装、填充、测量、锁紧、轴的驱动、物料输送、零件转向及翻、零件分拣、元件堆垛、元件冲压或模压标记和门控制；

（3）物料加工：钻削、车削、铣削、锯削、磨削和光整。

图 10-2 为气动系统的应用，图 10-2（a）为自动装卸生产，图 10-2（b）为气动机械手。

（a）货物自动装卸　　　　　　　　　（b）气动机械手

图 10-2　气动系统的应用

10.3.2　气动技术的发展简况

气压传动技术自 20 世纪 60 年代以来发展很快，作为实现工业自动化的一种有效手段，引起各国技术人员的普遍重视和应用。随着工业的发展，它的应用范围也日益扩大，主要表现为以下三点：

（1）模块化和集成化。气动系统的最大优点之一是单独元件的组合能力，无论是各种不同大小的控制器还是不同功率的控制元件，在一定应用条件下，都具有随意组合性。随着气动技术的发展，元件正从单元功能性向多功能系统、通用化模块方向发展，并将具有向上或向下的兼容性。

（2）功能增强及体积缩小。小型气动元件，如汽缸及阀类正应用于许多工业领域。微型气动元件不但用于精密机械加工及电子制造业，而且用于制药业、医疗技术、包装技术等。在这些领域中，已经出现活塞直径小于 2.5 mm 的汽缸、宽度为 10 mm 的气阀及相关的辅助元件，并正在向微型化和系列化方向发展。

（3）智能气动。智能气动是指具有集成微处理器，并具有处理指令和程序控制功能的元件或单元。最典型的智能气动是内置可编程控制器的阀岛，以阀岛和现场总线技术的结合实现的气电一体化是目前气动技术的一个发展方向。

10.4　思　考　题

1. 气压传动系统由哪几部分组成，其作用分别是什么？
2. 气压传动系统具有哪些特点？

第 11 章　气压传动元件

11.1　气源装置及气动辅助元件

气源装置包括压缩空气的产生、净化、储存和输送几个部分。通过气源装置提供洁净、干燥、具有足够的压力和流量的压缩空气。

气动辅助元件指保证气动系统正常工作中必不可少的辅助元件。

11.1.1　气源装置的组成及工作原理

常见的气源系统如图 11-1 所示，当启动空气压缩机后，空气经过压缩后提高压力，同时温度升高，高温、高压的气体离开空气压缩机后，先进入后冷却器 2 内冷却，并析出水分和油雾，在经过除油器 3 除去凝结的水和油后，存于储气罐 6 内。对气体清洁度要求不高的工业用气，可以从储气罐 6 中直接引出使用。若是用于气动装置，则还需经干燥器 7、8 和过滤器 10，对压缩空气进一步干燥和去除杂质后方可使用。

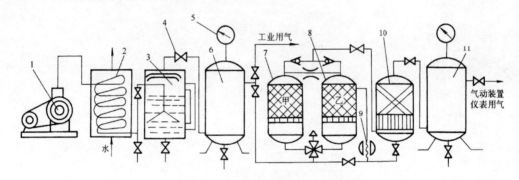

图 11-1　气源系统的组成示意图

1—空气压缩机　2—后冷却器　3—除油器　4—阀门　5—压力表
6、11—储气罐　7、8—干燥器　9—加热器　10—空气过滤器

1. 空气压缩机

空气压缩机是气源系统的主体部分，它是把电动机输出的机械能转换成气体压力能的能量转换装置。

（1）空气压缩机的分类

空气压缩机有多种分类方法，常见的有如下几种。

① 按工作原理分为容积式和速度式空气压缩机两类。

容积式空气压缩机是通过压缩空气的方法，使单位体积内的气体分子密度增加而提高气体压力。有活塞式、螺杆式、膜片式和叶片式等。在气动系统中，一半多采用容积式空气压缩机的。

速度式空气压缩机是利用提高气体分子速度的方法，使气体分子具有的动能转化为气体的压力能。如离心式和轴流式空气压缩机。

② 空气压缩机按输出压力大小可分为：低压空气压缩机（0.2～1.0 Mpa）；中压空气压缩机（1.0～10 Mpa）；高压空气压缩机（10～100 Mpa）和超高压空气压缩机（>100 Mpa）。

③ 按输出流量（排量）可分为：小型（1～10 m^3/s）、中型（10～100 m^3/s）和大型（>100 m^3/s）空气压缩机。

（2）空气压缩机的工作原理

气压系统中最常用的空气压缩机为往复活塞式压缩机，其工作原理如图 11-2 所示。当活塞 5 向右运动时，由于左腔容积增加，压力下降，而当压力低于大气压力时，吸气阀 3 被打开，气体进入汽缸 4 内，完成吸气过程。当活塞 5 向左运动时，吸气阀 3 关闭，缸内气体被压缩，压力升高，完成压缩过程。当缸内气体压力高于排气管内的压力时，打开排气阀 1，压缩空气被排入排气管道内，此过程为排气过程。自此完成一个工作循环。电动机带动曲柄 10 作回转运动，通过连杆 9、滑块 7、活塞杆 6 推动活塞 5 作往复运动，空气压缩机就连续输出高压气体。

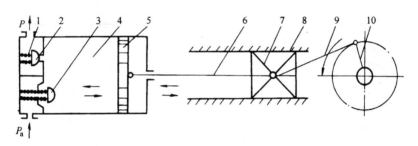

图 11-2　活塞式空气压缩机工作原理图

1—弹簧　2—排气阀　3—吸气阀　4—汽缸　5—活塞
6—活塞杆　7—十字滑块　8—滑道　9—连杆　10—曲柄

活塞式空气压缩机具有效率高、压力范围广、适用性强等优点，在气动系统中广泛被应用。

2. 压缩空气的净化

由于空气压缩机排出的压缩空气的温度一般可达到（140～170℃）之间，此时压缩空气中的水分和润滑油的一部分已汽化，与含在空气中的灰尘形成油汽、水汽和灰尘混合而成的杂质。这些杂质若被带进气动设备中，会引起管道堵塞和锈蚀，加速元件的磨损，缩短使用寿命。水汽和油汽还会使膜片、橡胶密封件老化，严重时还会引起燃烧和爆炸。因此，在高压气体进入气动系统之前，要经过除油、除水、除尘和干燥处理。

下面介绍几种常用压缩空气的净化装置。

（1）后冷却器。后冷却器安装在空气压缩机出口处的管道上。它的作用是将高温压缩空气冷却到（40～50℃），是压缩空气中含有的油汽和水汽达到饱和，并使其大部分凝结形成油滴和水滴，便于通过油水分离器后排出。

后冷却器一般采用水冷换热方式，其结构型式有：蛇管式、套管式、列管式和散热片式等。如图 11-3 所示为常用的蛇管式后冷却器，其主要由一只蛇管状空心盘管和一只盛装此盘的圆筒组成。热压缩空气在浸没于冷水中的蛇形管中流动，冷却水在水套中流动，经管壁进行热交换，使压缩空气得到冷却。

（2）除油器。除油器安装在后冷却器后的管道上，它的作用是分离压缩空气中所含的大部分油分、水分和灰尘等杂质，使压缩空气得到初步净化。其结构形式有环形回转式、撞击并折回式、离心旋转式、水浴式及以上形式的组合使用等。

如图 11-4 所示为常用的撞击和环形回转式除油器，压缩空气自入口进入除油器壳体后，气流先受隔板阻挡被撞击折回向下，继而又回升向上，产生环形回转。水滴、油滴和杂质在离心力和惯性力作用下，从空气中分离析出并沉降在壳体底部，定期打开底部阀门排出。经初步净化的压缩空气从出口送往储气罐。

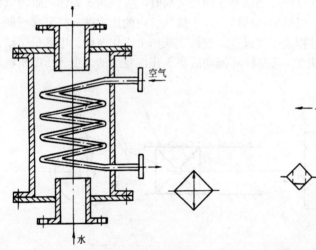

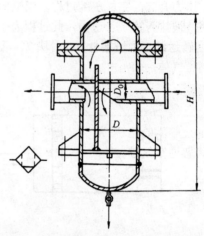

图 11-3　蛇管式后冷却器及图形符号　　　图 11-4　撞击和环形回转式除油器及图形符号

（3）储气罐。储气罐的作用是消除压力波动，保证输出气流的稳定性；储存一定量的压缩空气，当空气压缩机发生意外事故时，如停机、突然停电等，储气罐中储存的压缩空气可作为应急使用；可进一步分离压缩空气中的水分和油分。

如图 11-5 所示为常用的立式储气罐，进气口在下，出气口在上，并尽可能加大两口之间的距离，以利于进一步分离空气中的油水杂质。

目前，在气压传动中后冷却器、除油器和储气罐三者一体的结构形式已被采用，使压缩空气站的辅助设备大为简化。

（4）空气干燥器。空气干燥器的作用是吸收和排除压缩空气中的水分、油分和杂质，对经过初步净化的压缩空气进一步干燥、过滤。

如图 11-6 所示为一种常见不加热再生式干燥器，它有两个填满吸附剂的容器 1、2。当空气从容器 1 的下部流到上部，空气中的水分被吸附剂吸收而得到干燥，一部分干燥后的空气又从容器 2 的上部流到下部，把吸附在吸附剂中的水分带走并放入大气。即实现了不需外加热源而使吸附剂再生，两容器定期的交换工作（约 5～10min）使吸附剂产生吸附和再生，这样可得到连续输出的干燥压缩空气。

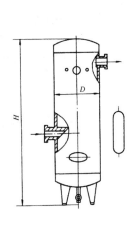
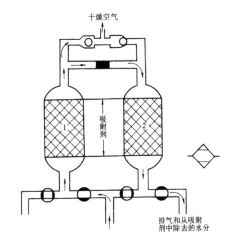

图 11-5　储气罐及图形符号　　　　　**图 11-6　不加热再生式干燥器**

（5）过滤器。过滤器的作用是滤除压缩空气中的杂质，达到系统所要求的净化程度。如图 11-7（a）所示为普通空气过滤器的结构图，压缩空气从输入口进入后，被引入旋风叶子 1，旋风叶子上有许多成一定角度的缺口，迫使空气沿切线方向产生强烈旋转。这样夹杂在空气中的较大水滴、油滴和灰尘等便获得较大的离心力，从空气中分离出来沉到水杯底部。然后，气体通过中间的滤芯 2，部分杂质、灰尘又被滤掉，洁净的空气从输出口输出。图 11-7（b）所示为普通空气过滤器的图形符号。

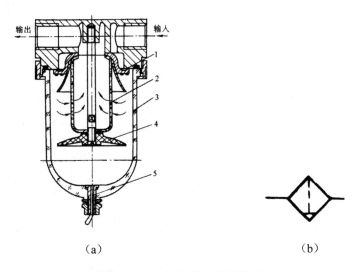

图 11-7　空气过滤器及图形符号
1—旋风叶子　2—滤芯　3—存水杯　4—挡水板　5—排水阀

11.1.2　气动辅助元件

1. 油雾器

油雾器是气动系统中使用的一种特殊的注油装置，其作用是可使润滑油雾化，并随气流进入到需要润滑的部件，以达到润滑气动元件的目的。用这种方法注油，具有润滑均匀、稳定、耗油量少和不需要大的贮油设备等特点。

如图 11-8（a）所示为一次油雾器的结构图，压缩空气从输入口进入，经过小孔 3 到截止阀 2，截止阀的工作状态如图 11-8 （c）所示，在压缩空气刚进入时，钢球被压在阀座上，但钢球与阀座密封不严，有点漏气，可使储油杯上腔的压力逐渐升高，将截止阀 2 打开，使杯内油面受压，迫使储油杯内的油液经吸油管 4、单向阀 5 和节流针阀 6 滴入透明的视油器 7 内，然后从吸油口量被主气道中的气流引射出来，在气流的气动力和油粘性力对油滴的作用下，雾化后随气流从输出口流出。视油器上部可调针阀用来调节滴油量，滴油量为 0～200 滴/分。关闭针阀即停止滴油喷雾。如图 11-8（b）为一次油雾器的图形符号。

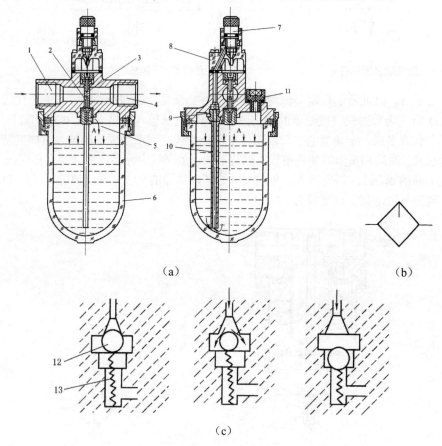

图 11-8　一次油雾器

1—输入口　2、3—小孔　4—输出口　5—阀座　6—储油杯　7—节流阀
8—视油器　9—单向阀　10—吸油管　11—油塞　12—钢球　13—弹簧

2. 消声器

汽缸、气马达及气阀等排出的气体速度很高，气体体积急剧膨胀，引起气体振动，产生强烈的排气噪声，有时可达 100～120 dB，使工作环境恶化，危害人体健康，工作效率降低。一般噪声高于 85 dB 时，就要设法降低。为此，通常在气动元件的排气口安装消声器。

常用的消声器有以下几种。

（1）吸收型消声器。吸收型消声器是依靠吸声材料来消声的，其结构如图 11-9 所示。消声套由聚苯乙烯颗粒或钢珠烧结而成，气体通过消声套排出，气流受到阻力，声波被吸收一部分转化为热能，从而降低了噪声。

此类消声器用于消除中、高频噪声，可降噪约 20 dB，在气动系统中应用最广。

（2）膨胀干涉吸收型消声器。如图 11-10 所示为膨胀干涉吸收型消声器，其结构很简单，相当一段比排气孔口径大的管件。当气流通过时，让气流在其内部扩散、膨胀、碰壁撞击、反射、相互干涉而消声。其特点是排气阻力小，消声效果好，但结构不紧凑。主要用于消除中、低频噪声，尤其是低频噪声。气流由斜孔引入，在 A 室扩散、减速、碰壁撞击后反射到 B 室，气流束互相冲撞、干涉，进一步减速，再通过敷设在消声器内壁的吸声材料排向大气。此类消声器消声效果好，低频可消声 20 dB，高频可消声约 45 dB。

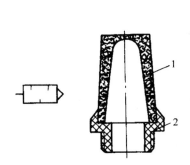

图 11-9　吸收型消声器及图形符号

1—消声罩　2—连接螺钉

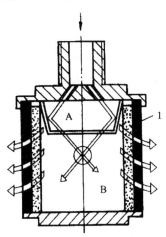

图 11-10　膨胀干涉型消声器

1—吸声材料

11.2　气动执行元件

气动执行元件是把压缩空气的压力能转化为机械能的能量转换装置，包括汽缸和气马达。汽缸用于驱动工作部件作往复直线运动，气马达驱动工作部件作回转运动。

11.2.1　汽缸

1. 汽缸的分类

在气动自动化系统中，汽缸由于其具有相对较低的成本，容易安装，结构简单，耐用，各种缸径尺寸及行程可选等优点，因而是应用最广泛的一种执行元件。根据使用条件不同，汽缸的结构、形状和功能也不一样。要完全确切地对汽缸进行分类是比较困难的。汽缸主要的分类方法如下。

（1）按压缩空气对活塞的作用力的方向分为：单作用式汽缸和双作用式汽缸。

（2）按汽缸的结构功能分为：活塞式汽缸、薄膜式汽缸、柱塞式汽缸、叶片式汽缸和气-液阻尼汽缸、冲击汽缸、缓冲汽缸等。

（3）按安装方式分为：固定式汽缸：汽缸安装在机体上固定不动，如图 11-11（a）、（b）、（c）、（d）所示；摆动式汽缸：缸体围绕一个固定轴可作一定角度的摆动，如图 11-11（e）、（f）、（g）所示。

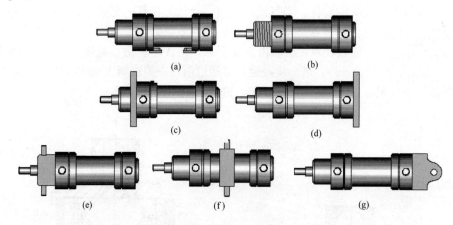

图 11-11　汽缸的固定方式

2. 汽缸的工作原理和用途

（1）普通汽缸

普通汽缸是指缸筒内只有一个活塞和一个活塞杆的汽缸。

① 双作用汽缸

如图 11-12 所示为普通型双作用汽缸，图 11-12（a）为外观图，如图 11-12（b）结构图所示，双作用汽缸一般由缸筒 1、前缸盖 3、后缸盖 2、活塞 8、活塞杆 4、密封件和紧固件等零件组成，缸筒 1 与前后缸盖之间由四根螺杆将其紧固锁定。缸内有与活塞杆相连的活塞，活塞上装有活塞密封圈。为防止漏气和外部灰尘的侵入，前缸盖上装有活塞杆、密封圈和防尘密封圈。这种双作用汽缸被活塞分成两个腔室：有杆腔（简称头腔或前腔）和无杆腔（简称尾腔或后腔）。有活塞杆的腔室称为有杆腔，无活塞杆的腔室称为无杆腔。

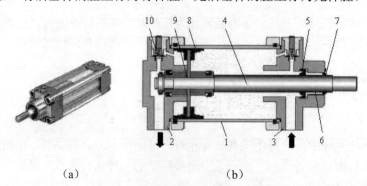

（a）　　　　　　　　　（b）

图 11-12　普通型单活塞杆双作用缸

1—缸筒　2—后缸盖　3—前缸盖　4—活塞杆　5—防尘密封圈
6—导向套　7—密封圈　8—活塞　9—缓冲柱塞　10—缓冲节流阀

从无杆腔端的气口输入压缩空气时,若气压作用在活塞左端面上的力克服了运动摩擦力、负载等各种反作用力,则当活塞前进时,有杆腔内的空气经该端气口排出,使活塞杆伸出。同样,当有杆腔端气口输入压缩空气时,活塞杆缩回至初始位置。通过无杆腔和有杆腔交替进气和排气,活塞杆伸出和缩回,汽缸实现往复直线运动。

汽缸缸盖上未设置缓冲装置的汽缸称为无缓冲汽缸,缸盖上设置缓冲装置的汽缸称为缓冲汽缸。如图 11-12 所示的汽缸为缓冲汽缸,缓冲装置由缓冲节流阀 10、缓冲柱塞 9 和缓冲密封圈等组成。当汽缸行程接近终端时,由于缓冲装置的作用,可以防止高速运动的活塞撞击缸盖的现象发生。

② 单作用汽缸动作原理

单作用汽缸在缸盖一端气口输入压缩空气使活塞杆伸出（或缩回）,而另一端靠弹簧力、自重或其他外力等使活塞杆恢复到初始位置。单作用汽缸只在动作方向需要压缩空气,故可节约一半压缩空气。主要用在夹紧、 退料、 阻挡、 压入、 举起和进给等操作上。

根据复位弹簧位置将作用汽缸分为预缩型汽缸和预伸型汽缸。当弹簧装在有杆腔内时,由于弹簧的作用力而使汽缸活塞初始位置处于缩回位置,我们将这种汽缸称为预缩型单作用汽缸;当弹簧装在无杆腔内时,汽缸活塞杆初始位置为伸出位置的称为预伸型汽缸。

如图 11-13 所示为弹簧复位式单作用汽缸结构原理,这种汽缸在活塞杆侧装有复位弹簧,在前缸盖上开有呼吸用的气口。除此之外,其结构基本上和双作用汽缸相同。图示单作用汽缸的缸筒和前后缸盖之间采用滚压铆接方式固定。单作用缸行程受内装回程弹簧自由长度的影响,其行程长度一般在 100 mm 以内。

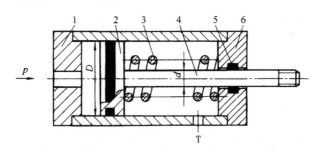

图 11-13　弹簧复位式单作用汽缸

1、6—端盖　2—活塞　3—弹簧　4—活塞杆　5—密封圈

（2）气-液阻尼缸

气-液阻尼缸是一种由汽缸和液压缸构成的组合缸。它由汽缸产生驱动力,用液压缸的阻尼调节作用获得平稳运动。这种汽缸常用于机床和切削加工的进给驱动装置,用于克服普通汽缸在负载变化较大时容易产生的“爬行”或“自移”现象,可以满足驱动刀具进行切削加工的要求。

气-液阻尼缸按其结构不同,可分为串联式和并联式两种。

① 串联式气-液阻尼缸

如图 11-14 所示为串联式气-液阻尼缸,它由汽缸和液压缸串联而成,两缸的活塞用同一根活塞杆带动,在液压缸进出口之间装有单向节流阀。当汽缸右腔进气时,汽缸带动液压缸活塞向左运动,此时液压缸左腔排油,由于单向阀关闭,油液只能通过节流阀缓慢流入液压缸右腔,对运动起阻尼作用。调节节流阀的开口量,即可调节活塞的运动速度。活塞杆的输出力等于汽缸的输出力和液压缸活塞上的阻力之差。当换向阀换向至汽缸左腔进气时，液压缸右腔的油液可通过单向阀迅速流回液压缸左腔，活塞快速返回原位。

串联式气-液阻尼缸的缸体较长，加工和安装时对同轴度要求较高，并要注意解决汽缸和液压缸之间的油与气的互窜。一般都将双活塞杆缸作为液压缸，这样可使液压缸两腔进、排油量相等，以减小高位油箱的容积。

② 并联式气-液阻尼缸

如图 11-15 所示为并联式气-液阻尼缸，它由汽缸和液压缸并联而成，工作原理和作用与串联气-液阻尼缸相同。并联式气-液阻尼缸的缸体短，结构紧凑，消除两缸之间的窜气现象。但由于两缸不在同一轴线上，所以安装时对平行度要求较高。

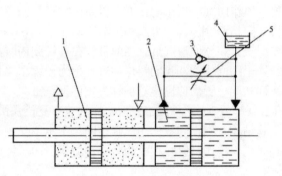

图 11-14　串联式气-液阻尼缸　　　　图 11-15　并联式气-液阻尼缸
1—汽缸　2—液压缸　3—单向阀　4—油箱　5—节流阀

（3）薄膜式汽缸

薄膜式汽缸是一种利用膜片在压缩空气作用下变形来推动活塞杆作直线运动的汽缸。其结构如图 11-16 所示，由缸体 1、膜片 2、膜盘 3 及活塞杆 4 等组成。其功能类似活塞式汽缸，由单作用式（见图 11-16（a））和双作用式（见图 11-16（b））两种。

薄膜式汽缸具有结构紧凑，成本低，维修方便，寿命长，效率高，密封性好等优点，但因膜片变形有限，则行程较短，一般不超过 50 mm。常应用于各种自锁机构及夹具，以及化工生产过程的调节器上。

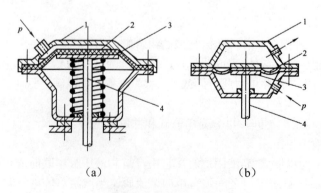

（a）　　　　　　　　　（b）

图 11-16　薄膜式汽缸
1—缸体　2—膜片　3—模盘　4—活塞杆

（4）冲击汽缸

冲击汽缸是一种较新型的气动执行元件。它是把压缩空气的压力能转换为活塞、活塞杆的高速运动，输出动能，产生较大的冲击力，打击工件做功的一种汽缸。

冲击汽缸与普通汽缸相比较，结构上增加了一个具有一定容积的蓄能腔和喷嘴。其工作原理如图 11-17 所示，非快排型冲击汽缸由缸体 1、中盖 2、端盖 4 和 7、活塞 6 及活塞杆等主要零件组成。中盖与缸体固接在一起，它与活塞把汽缸分隔成蓄能腔、活塞腔与活塞杆腔三部分，中盖中心开有一个喷气口。

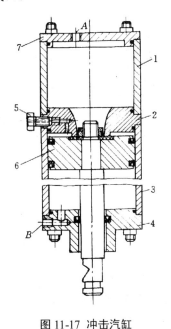

图 11-17　冲击汽缸
1—缸体　2—中盖　3—头腔　4、7—端盖　5—排气塞　6—活塞

当压缩空气从 B 孔输入冲击汽缸活塞杆腔时，蓄能腔经 A 孔排气，活塞上移由顶部密封垫封住中盖上的喷气口，活塞腔则经排气塞 5 的小孔与大气相通。当压缩空气从 A 口输入蓄能腔时，活塞杆腔经 B 孔排气，蓄能腔内压力逐渐上升，由于喷气口的面积只有活塞断面积的 1/9，即使下腔开始泄压，仍有一定的向上推力，此时蓄能腔仍是封闭的继续贮存能量。当蓄能腔内压力高于活塞下腔压力的九倍时，活塞开始下移，一旦离开喷气口，蓄能腔内的高压气体迅速充满活塞上腔，使活塞上端受压面积突然增加九倍，于是活塞在很大压差作用下迅速加速，在冲程达到 50～75 mm 之间时，获得最大的冲击速度和能量。

冲击汽缸的结构简单、成本低、耗气功率小，且能产生相当大的冲击力，应用十分广泛。它可完成下料、冲孔、弯曲、打印、铆接、模锻、破碎等多种作业。为了有效地应用冲击汽缸，应注意：正确地选择工具，并正确地固定；正确地确定冲击汽缸的尺寸；选用适用的控制回路。

11.2.2　气动马达

气动马达是一种作连续旋转运动的气动执行元件，是一种把压缩空气的压力能转换成回转机械能的能量转换装置，　其作用相当于液压传动中的液压马达，它输出转矩，驱动执行机构作旋转运动。在气压传动中使用广泛的是叶片式、活塞式和齿轮式气动马达。

1. 叶片式气动马达的工作原理

如图 11-18 所示为叶片式气动马达的结构图。它主要由定子 3、转子 2、叶片 5 及后盖 1 和前盖 4 等零件组成。定子上有进、排气用的配气槽或孔，转子上铣有长槽，槽内装叶片。定子两端有密封盖，其上有弧形槽与进、排气孔 A、B 及叶片底部相通。转子和输出轴固定连接，并与定子偏心安装。

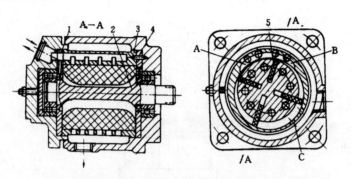

图 11-18　叶片式气动马达
1—后盖　2—转子　3—定子　4—前盖　5—叶片

当压缩空气从 A 孔进入定子腔，并作用在叶片的伸出部分，产生转矩。由于叶片伸出面积不等，转子受到不平衡转矩而逆时针方向旋转，做功后的废气由排气口 C 排出，剩余残气经 B 孔排出。同时压缩空气经前、后气盖的弧形槽进入叶片底部，将叶片推出，叶片在此气压推力和转子转动后的离心力的作用下，保持和定子内表面紧密接触。若改变压缩空气输入方向，即可改变转子的转向。

2. 气动马达的特点

（1）工作安全，具有防爆性能，适用于恶劣的环境，在易燃、易爆、高温、振动、潮湿、粉尘等条件下均能正常工作。

（2）有过载保护作用。过载时，马达只是降低或停止转速；当过载解除，继续运转，并不产生故障。

（3）可以无级调速。只要控制进气流量，就能调节马达的功率和转速。

（4）比同功率的电动机轻 1/10～1/3，输出功率惯性比较小。

（5）可长期满载工作，而温升较小。

（6）功率范围及转速范围均较宽，功率小至几百瓦，大至几万瓦，转速可从几转每分到上万转每分。

（7）具有较高的启动转矩，可以直接带负载启动，启动、停止迅速。

（8）结构简单，操纵方便，可正反转，维修容易，成本低。

（9）速度稳定性差，输出功率小，效率低，耗气量大，噪声大，容易产生振动。

3. 气动马达的应用

气动马达的工作适应性较强，可用于无级调速、启动频繁、经常换向、高温潮湿、易燃易爆、负载启动、不便人工操纵及有过载可能的场合。目前，气动马达主要应用于矿山机械、专业性的机械制造业、油田、化工、造纸、炼钢、船舶、航空、工程机械等行业，许多气动工具如风钻、风扳手、风砂轮等均装有气动马达。随着气压传动的发展，气动马达的应用将更趋广泛。

11.3　气动控制元件

在气动系统中，控制元件是控制和调节压缩空气的压力、流量、流动方向和发送信号的重要元件，利用它们可以组成各种气动回路，使气动执行元件技设计要求正常工作。气动控制元件，按功能和用途可分为压力控制阀、流量控制阀和方向控制阀三大类。此外，还有通过改变气流方向和通断实现各种逻辑功能的气动逻辑元件。

11.3.1　压力控制阀

压力控制阀主要用来控制系统中气体的压力，满足各种压力要求或用以节能。压力控制阀可分为三类：一是起降压稳压作用的减压阀、定值器；二是起限压安全保护作用的安全阀；三是根据气路压力不同进行某种控制的顺序阀等。

1.　减压阀

气压传动中的减压阀与液压传动中的减压阀一样能起减压作用，但它更主要的作用是调压和稳压。按其调节压力方式的不同分为：直动式和先导式两类。

（1）直动式减压阀

如图 14-19（a）所示为直动式带溢流阀的减压阀（简称溢流减压阀）的结构图。压力为 P_1 的压缩空气，由左端输入经阀口 10 节流后，压力降为 P_2 输出。P_2 的大小可由调压弹簧 2、3 进行调节。顺时针旋转旋钮 1，压缩弹簧 2、3 及膜片 5 使阀芯 8 下移，增大阀口 10 的开度使 P_2 增大。若反时针旋转旋钮 1，阀口 10 的开度减小，P_2 随之减小。

若 P_1 瞬时升高，P_2 将随之升高，使膜片气室 6 内压力升高，在膜片 5 上产生的推力相应增大，此推力破坏了原来力的平衡，使膜片 5 向上移动，有少部分气流经溢流孔 12、排气孔 11 排出。在膜片上移的同时，因复位弹簧 9 的作用，使阀芯 8 也向上移动，关小进气阀口 10，节流作用加大，使输出压力下降，直至达到新的平衡为止，输出压力基本又回到原来值。若输入压力瞬时下降，输出压力也下降、膜片 5 下移，阀芯 8 随之下移，进气阀口 10 开大，节流作用减小，使输出压力也基本回到原来值。逆时针旋转旋钮 1。使调节弹簧 2、3 放松，气体作用在膜片 5 上的推力大于调压弹簧的作用力，膜片向上曲，靠复位弹簧的作用关闭进气阀口 10。再旋转旋钮 1，进气阀芯 8 的顶端与溢流阀座 4 将脱开，膜片气室 6 中的压缩空气便经溢流孔 12、排气孔 11 排出，使阀处于无输出状态。图 11-19（b）所示为直动式带溢流阀的图形符号。

总之，溢流减压阀是靠进气口的节流作用减压，靠膜片上力的平衡作用和溢流孔的溢流作用稳压；调节弹簧即可使输出压力在一定范围内改变。为防止以上溢流式减压阀排出少量气体对周围环境的污染，可采用不带溢流阀的减压阀（即普通减压阀）。

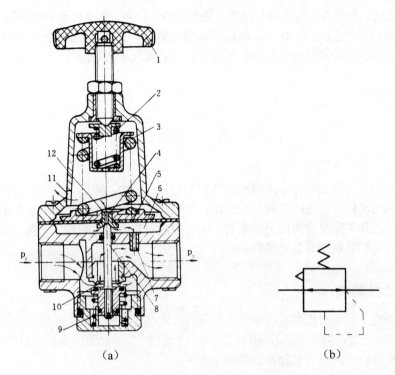

（a） （b）

图 11-19　直动式液压阀及图形符号
1—旋转手柄　2、3—调压弹簧　4—调座　5—膜片　6—膜片气室
7—阻尼孔　8—阀芯　9—复位弹簧　10—进气阀口　11-排气孔　12—溢流孔

（2）先导式减压阀

当减压阀的输出压力较高或通径较大时，用调压弹簧直接调压，则弹簧刚度必然过大，流量变化时，输出压力波动较大，阀的结构尺寸也将增大。为了克服这些缺点，可采用先导式减压阀。先导式减压阀的工作原理与直动式的基本相同。先导式减压阀所用的调压气体，是由小型的直动式减压阀供给的。若把小型直动式减压阀装在阀体内部，则称为内部先导式减压阀；若将小型直动式减压阀装在主阀体外部，则称为外部先导式减压阀。

如图 11-20（a）所示为内部先导型减压阀结构图，它由先导阀和主阀两部分组成。当气流从左端流入阀体后，一部分经进气阀口 9 流向输出口，另一部分经固定节流孔 1 进入中气室 5 经喷嘴 2、挡板 3、孔道反馈至下气室 6，在经阀杆 7 中心孔及排气孔 8 排至大气。

把手柄旋到一定位置，使喷嘴挡板的距离在工作范围内，减压阀就进入工作状态。中气室 5 的压力随喷嘴与挡板间距离的减小而增大，于是推动阀芯打开进气阀口 9，立即有气流流到出口，同时经孔道反馈到上气室 4，与调压弹簧相平衡。

若输入压力瞬时升高，输出压力也相应升高，通过孔口的气流使下气室 6 的压力也升高，破坏了膜片原有的平衡，使阀杆 7 上升，节流阀口减小，节流作用增强，输出压力下降，使膜片两端作用力重新平衡，输出压力恢复到原来的调定值。当输出压力瞬时下降时，经喷嘴挡板的放大也会引起中气室 5 的压力比较明显地提高，而使得阀芯下移，阀口开大，输出压力升高，并稳定到原数值上。图 11-20（b）为先导型减压阀图形符号。

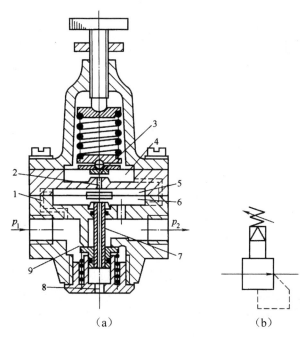

图 11-20　内部先导型减压阀

1—节流孔　2—喷嘴　3—挡板　4—上气室　5—中间气室
6—下气室　7—阀芯　8—排气孔　9—进气阀口

（3）减压阀的基本性能

① 调压范围：它是指减压阀输出压力 P_2 的可调范围，在此范围内要求达到规定的精度。调压范围主要与调压弹簧的刚度有关。

② 压力特性：它是指流量 g 为定值时，因输入压力波动而引起输出压力波动的特性。输出压力波动越小，减压阀的特性越好。输出压力必须低于输入压力一定值才基本上不随输入压力变化而变化。

③ 流量特性：它是指输入压力一定时，输出压力随输出流量 g 的变化而变化的特性。当流量 g 发生变化时，输出压力的变化越小越好。一般输出压力越低，它随输出流量的变化波动就越小。

2. 顺序阀

顺序阀是依靠气路中压力的作用而控制执行元件按顺序动作的压力控制阀，其作用和工作原理与液压顺序阀基本相同。顺序阀常与单向阀并联组成单向顺序阀。

图 11-21 所示为单向顺序阀的工作原理图。当压缩空气由 P 口进入阀左腔 4 后，作用在活塞 3 上的力小于调压弹簧 2 上的力时，阀处于关闭状态。而当作用于活塞上的力大于弹簧力时，活塞被顶起，压缩空气经阀左腔 4 流入阀右腔 5 由 A 口流出，如图 11-21（a）所示，顺序阀开启，此时单向阀关闭。当切换气源时如图 11-21（b）所示，阀左腔 4 压力迅速下降，顺序阀关闭，此时阀右腔 5 压力高于阀左腔 4 压力，在气体压力差作用下，打开单向阀，压缩空气由阀右腔 5 经单向阀 6 流入阀左腔 4 向外排出。图 11-21（c）为单向顺序阀的图形符号。

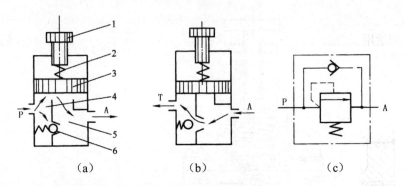

图 11-21　单向顺序阀

1—旋转手柄　2—调压弹簧　3—活塞　4—阀左腔　5—阀右腔　6—单向阀

3. 溢流阀

溢流阀在系统中起安全保护作用。当系统压力超过规定值时，安全阀打开，将系统中的一部分气体排入大气，使系统压力不超过允许值，从而保证系统不因压力过高而发生事故。溢流阀又称安全阀。按控制方式分为直动式和先导式。

（1）直动式溢流阀

如图 11-22（a）所示为直动式溢流阀结构图，将阀 P 口与系统相连接，T 口通大气，当系统中空气压力升高，一旦大于溢流阀调定压力时，气体推开阀芯。经阀口从 T 口排至大气，使系统压力稳定在调定值，保证系统安全。当系统压力低于调定值时，在弹簧的作用下阀口关闭。开启压力的大小与调压弹簧的预紧力有关。图 11-22（b）所示为直动式溢流阀的图形符号。

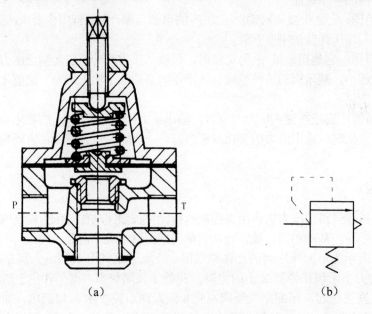

图 11-22　直动式溢流阀

（2）先导式溢流阀

如图 11-23（a）所示为先导式溢流阀结构图，先导式溢流阀的先导阀为减压阀，由先导阀减压后的空气从上部的 K 口进入阀内，并以它代替弹簧，实现对溢流阀开启压力的控制。先导式溢流阀适用于管道通径较大及远距离控制的场合。图 11-23（b）所示为先导式溢流阀的图形符号。

　　实际应用时，应根据实际需要选择溢流阀的类型，并根据最大排气量选择其通径。

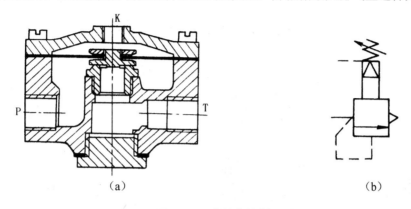

（a）　　　　　　　　　　　　（b）

图 11-23　先导式溢流阀

11.3.2　流量控制阀

　　流量控制阀通过控制气体流量来控制气动执行元件的运动速度。而气体流量的控制是通过改变阀口的流通面积实现的。常用的流量控制阀有节流阀、单向节流阀、排气节流阀等。

1. 节流阀

　　（1）节流阀。如图 11-24（a）所示为节流阀结构图。气流经 P 口输入，通过节流口的节流作用后经 A 口输出。节流口的流通面积与阀芯位移量之间有一定的函数关系，这个函数关系与阀芯节流部分的形状有关。常用的有针阀型、三角沟梢型和圆柱斜切型等，与液压节流阀阀芯节流部分的形状基本相同，这里不再重复。图 11-24 所示即是圆柱斜切阀芯的节流阀。图 11-24（b）为节流阀的图形符号。

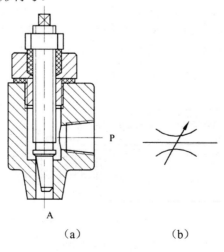

（a）　　　　　（b）

图 11-24　节流阀

（2）单向节流阀。如图 11-25（a）所示为单向节流阀结构图，它是单向阀和节流阀并联而成的组合控制阀。当气流由 P 口向 A 口流动时。经过节流阀节流；反方向流动，即由 A 向 P 流动时，单向阀打开，不节流。单向节流阀常用于汽缸的调速和延时回路中。图 11-25（b）为单向节流阀的图形符号。

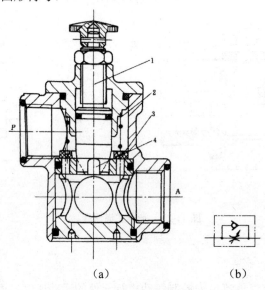

（a）　　　　　　　　（b）

图 11-25　单向节流阀
1—调节杆　2—弹簧　3—单向阀　4—节流口

2. 排气节流阀

排气节流阀和节流阀一样，也是靠调节流通面积来调节气体流量的。所不同的是，排气节流阀安装在系统的排气口处。不仅能够控制执行元件的运动速度，而且因其常带消声器件，具有减少排气噪声的作用。所以常称其为排气消声节流阀。

如图 11-26（a）所示为排气节流阀的结构图，调节旋钮 8，可改变阀芯 3 左端节流口（三角沟槽型）的开度，即改变由 A 口来的排气量大小。排气节流阀常安装在换向阀和执行元件的排气门处，起单向节流阀的作用。由于其结构简单，安装方便。能简化回路，所以其应用日益广泛。图 11-26（b）为排气节流阀的图形符号。

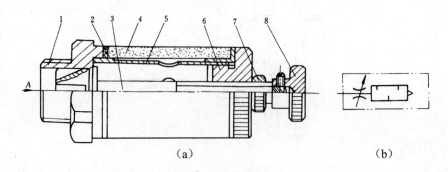

（a）　　　　　　　　　　　　　（b）

图 11-26　排气节流阀
1—阀座　2—垫圈　3—阀芯　4—消音套　5—阀套　6—锁紧法兰　7—锁紧螺母　8—旋钮

11.3.3　方向控制阀

气动方向控制阀是用来控制压缩空气的流动方向和气流通断的，分类方法与液压换向阀大致相同。

按阀芯结构不同可分为：滑阀式、截止式（又称提动式）、平面式（又称滑块式）、旋塞式和膜片式等，其中以截止式和滑阀式应用较多。

按控制方式不同可分为：电磁控制式、气压控制式、机械控制式、人力控制式和时间控制式等。

按作用特点可分为：单向型和换向型。

按通路数和阀芯工作位置数可分为：二位二通、二位三通、二位三通、三位五通等多种形式。

按阀的密封形式分为：硬质密封和软质密封。其中，软质密封因制造容易、泄漏少、对介质污染不敏感等优点，从而在气动方向控制阀中被广泛采用。

1. 单向型方向控制阀

单向型方向控制阀只允许气流沿着一个方向流动。它主要包括单向阀、梭阀、双压阀和快速排气阀等。

（1）单向阀

如图 11-27（a）所示为单向阀结构图，单向阀是气流只能一个方向流动而不能反向流动的方向控制阀。其工作原理与液压单向阀一样。压缩空气从 P 口进入，克服弹簧力和摩擦力使单向阀阀口开启，压缩空气从 P 流至 A；当 P 口无压缩空气时，在弹簧力和 A 口余气力作用下；阀口处于关闭状态，使从 A 至 P 气流不通。图 11-27（b）为单向阀的图形符号。

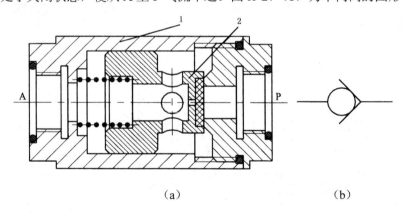

（a）　　　　　　　　　　　（b）

图 11-27　单向阀
1—阀体　2—阀芯

单向阀应用于不允许气流反向流动的场合，如空压机向气罐充气时，在空压机与气罐之间设置一单向阀，当空压机停止工作时，可防止气罐中的压缩空气回流到空压机。

单向阀还常与节流阀、顺序阀等组合成单向节流阀、单向顺序阀使用。

（2）梭阀

如图 11-28（a）所示为梭阀的结构图，梭阀相当于两个单向阀组合的阀，其作用相当于"或门"。其工作原理与液压梭阀相同。梭阀有两个进气口 P_1 和 P_2，一个出口 A，其中 P_1 和

P_2 都可与 A 口相通、但 P_1 和 P_2 不相通。P_1 和 P_2 中的任一个有信号输入，A 都有输出。若 P_1 和 P_2 都有信号输入，则先加入侧或信号压力高侧的气信号通过 A 输出，另一侧则被堵死，仅当 P_1 和 P_2 都无信号输入时，A 才无信号输出。梭阀在气动系统中应用较广，它可将控制信号有次序地输入控制执行元件，常见的手动与自动控制的并联回路中就用到梭阀。图 11-28（b）所示为梭阀的图形符号。

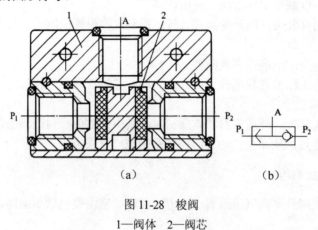

（a）　　　　　　（b）

图 11-28　梭阀
1—阀体　2—阀芯

（3）双压阀

如图 11-29（a）所示为双压阀的结构图，双压阀也相当于两个单向阀的组合结构形式，其作用相当于"与门"。它有两个输入口 P_1 和 P_2、一个输出口 A。当 P_1 和 P_2 单独有输入时，阀芯被推向另一侧，A 无输出。只有当 P_1 和 P_2 同时有输入时，A 才有输出。当 P_1 和 P_2 输入的气压不等时，气压低的通过 A 输出。双压阀在气动回路中常当"与门"元件使用。图 11-29（b）所示为双压阀的图形符号。

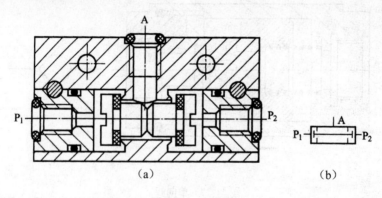

（a）　　　　　　（b）

图 11-29　双压阀

（4）快速排气阀

如图 11-30（a）所示为快速排气阀的结构图，它有三个阀口 P、A、T，P 接气源，A 接执行元件，T 通大气。当 P 有压缩空气输入时，推动阀芯右移，P 与 A 通，给执行元件供气；当 P 无压缩空气输入时，执行元件中的气体通过 A 使阀芯左移，堵住 P、A 通路，同时打开 A、T 通路，气体通过 T 快速排出。图 11-30（b）所示为快速排气阀的图形符号。

快速排气阀常装在换向阀和汽缸之间，使汽缸的排气不用通过换向阀而快速排出。从而加快了汽缸往复运动速度，缩短了工作周期。

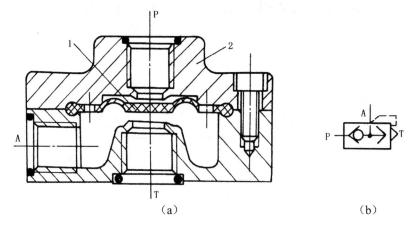

图 11-30　快速排气阀

1—膜片　2—阀体

2. 换向型方向控制阀

换向型方向控制阀（简称换向阀），是通过改变气流通道而使气体流动方向发生变化，从而达到改变气动执行元件运动方向目的。它包括气压控制换向阀、电磁控制换向阀、机械控制换向阀、人力控制换向阀和时间控制换向阀等。

（1）气压控制换向阀

气压控制换向阀，是利用气体压力来使主阀芯运动而使气体改变流向的。按控制方式不同分为加压控制、卸压控制和差压控制三种。加压控制是指所加的控制信号压力是逐渐上升的，当气压增加到阀芯的动作压力时，主阀便换向；卸压控制是指所加的气控信号压力是减小的，当减小到某一压力值时，主阀换向；差压控制是使主阀芯在两端压力差的作用下换向。

气控换向阀按主阀结构不同，又可分为截止式和滑阀式两种主要形式。滑阀式气控换向阀的结构和工作原理与液动换向阀基本相同。在此主要介绍截止式换向阀。

如图 11-31 所示为二位三通单气控截止式换向阀的工作原理图。图 11-31（a）为 K 口没有控制信号时的状态。阀芯在弹簧与 P 腔气压作用下，使 P 与 A 断开，A 与 T 通，阀处于排气状态。图 11-31（b）为 K 口有控制信号时，P 与 A 通，A 与 2、断开，A 口进气。图 11-31（c）为为二位三通单气控截止式换向阀的图形符号。

（2）电磁控制换向阀

气动电磁换向阀是利用电磁铁的作用来实现阀的切换以改变气流方向的控制阀。按控制方式的不同可分为直动式和先导式两种，其工作原理与液压控制阀中的电磁换向阀相同，只是工作介质不同而已。利用这种控制阀易于实现电、气联合控制，能实现远距离操作，故得到了广泛应用。

① 直动式电磁换向阀

由电磁铁直接推动阀芯换向的气动换向阀称为直动式电磁换向阀。分为单电控和双电控两种。

如图 11-32 所示为单电控直动式电磁换向阀的工作原理图，它是二位三通电磁阀。图 11-32（a）为电磁铁断电时的状态，阀芯靠弹簧力复位，使 P、A 断开，A、T 接通，阀处于排气状态。图 11-32（b）为电磁铁通电时的状态，电磁铁推动阀芯向下移动，使 P、A 接通，阀处于进气状态。图 11-32（c）为单电控直动式电磁换向阀的图形符号。

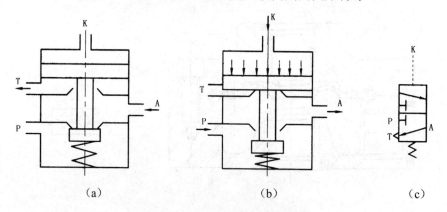

图 11-31　截止式换向阀的工作原理图

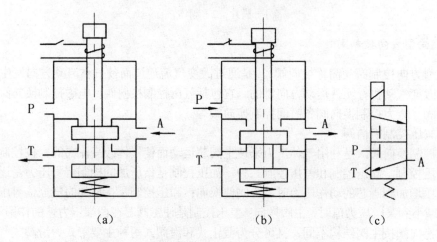

图 11-32　单电控直动式电磁换向阀的工作原理图

　　如图 11-33 所示为双电控直动式电磁换向阀的工作原理图，它是二位五通电磁换向阀。图 11-33（a）所示，电磁铁 1 通电，电磁铁 2 断电时，阀芯 3 被推到右位，A 口有输出，B口排气；电磁铁 1 断电，阀芯位置不变，即具有记忆能力。图 11-33（b）所示，电磁铁 2 通电，电磁铁 1 断电时，阀芯被推到左位，B 口有输出，A 口排气；若电磁铁 2 断电，空气通路不变。图 11-33（c）为双电控直动式电磁换向阀的图形符号。

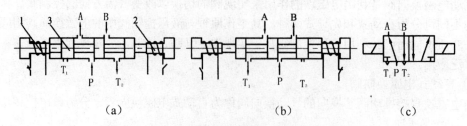

图 11-33　双电控直动式电磁换向阀的工作原理图

1、2—电磁铁　3—阀芯

② 先导式电磁换向阀

先导式电磁换向阀由电磁阀和气控阀组合而成。该阀是由电磁铁首先控制气路，产生先导压力，再由先导压力去推动主阀阀芯，使其换向。适用于通径较大的场合。

先导式电磁换向阀按控制方式分为单电控和双电控两种。

如图 11-34 所示为单电控外部先导式电磁换向阀的工作原理图。图 11-34（a）所示，当电磁先导阀断电时，先导阀的 x、A_1 口断开，A_1、T_1 口接通，先导阀处于排气状态，此时，主阀阀芯在弹簧和 P 口气压作用下向右移动，将 P、A 断开，A、T 接通，即主阀处于排气状态。如图 11-34（b）所示，当电磁先导阀通电后，先导阀的 x、A_1 口接通，电磁先导阀处于进气状态，即主阀控制腔 A_1 进气。由于 A_1 腔内气体作用于阀芯上的力大于 P 口气体作用在阀芯上的力与弹簧力之和，所以将活塞推向左边，使 P、A 接通，即主阀处于进气状态。图 11-34（c）为单电控外部先导式电磁换向阀的图形符号，图 11-34（d）为简化图形符号。

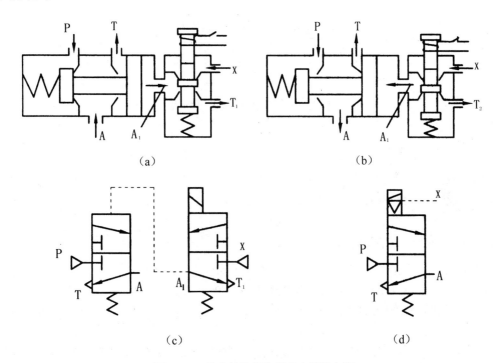

(a)　　　　　　　　　　　　　　　　(b)

(c)　　　　　　　　　　　　　　　　(d)

图 11-34　单电控外部先导式电磁换向阀

如图 11-35 所示为双电控外部先导式电磁换向阀的工作原理图。图 11-35（a）所示，当电磁先导阀 1 通电而电磁先导阀 2 断电时，由于主阀 3 的 K_1 腔进气，K2 腔排气，使主阀阀芯移右边。此时，P、A 接通，A 口有输出；B、T_2 接通，B 口排气。图 11-35（b）所示，当电磁先导阀 2 通电而先导阀 1 断电时，主阀 K_2 腔进气，K_1 腔排气，主阀阀芯移到左边，P、B 接通，B 口有输出；A、T_1 接通，A 口排气。双电控换向阀具有记忆性，即通时换向，断电时并不返回，可用单脉冲信号控制。图 11-35（c）为双电控外部先导式电磁换向阀的图形符号。

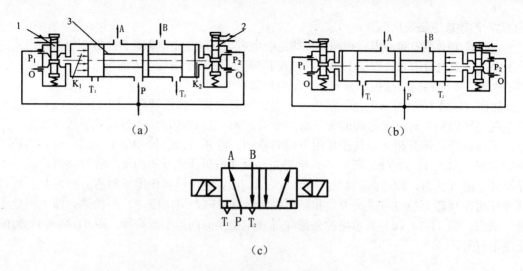

图 11-35　双电控外部先导式电磁换向阀
1、2—电磁铁　3—阀芯

11.4　气动逻辑元件

　　气动逻辑元件是利用压缩空气为工作介质，通过元件的可动部件在气控信号的作用下动作，改变气流方向以实现一定逻辑功能的流体控制元件。在气动控制系统中，广泛采用各种形式的气动逻辑元件（简称为逻辑阀）。

11.4.1　气动逻辑元件的分类

　　（1）按工作压力不同，可分为：微压元件（工作压力 0.02 MPa 以下）、低压元件（工作压力 0.02～0.2 MPa）和高压元件（工作压力 0.2～0.8 MPa）三种。

　　（2）按逻辑功能不同，可分为："或门"元件、"与门"元件、"非门"元件、"双稳"元件等。

　　（3）按结构不同，可分为：截止式逻辑元件、膜片式逻辑元件、滑阀式逻辑元件、球阀式逻辑元件等。

11.4.2　高压截止式逻辑元件

　　高压截止式逻辑元件是依靠气控信号推动阀芯或通过膜片变形推动阀芯动作，改变气流的流动方向，以实现一定逻辑功能的逻辑阀。这类元件的特点是行程小、流量大、工作压力高、对气源净化要求低，便于实现集成安装和集中控制，装拆方便，近年来有很大的发展。下面介绍几种常见的高压截止式气动逻辑元件。

　　1. "是门"和"与门"元件

　　图 11-36 所示为"是门"和"与门"元件的结构图。图中 a 为信号输入孔，S 为信号输

出孔，中间接气源作 P 孔时为"是门"元件。在 a 孔无信号输入时，阀片 2 在弹簧和气源压力作用下上移，封住 P、S 之间的通路，S 无输出。当 a 孔有信号输入时，膜片 3 在输入信号作用下推阀芯 1 下移，封住输出孔 S 与排气孔之间的通道，S 有输出。元件的输入和输出始终保持相同状态。

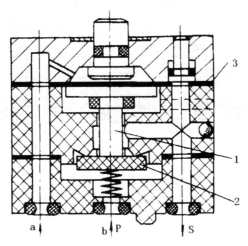

图 11-36　"是门"和"与门"元件
1—阀芯　2—阀片　3—膜片

若将中间孔改接另一输入信号作 b 孔时，则成为"与门"元件。此时只有 a、b 同时有输入时，S 才有输出。"是门"和"与门"元件的逻辑关系见表 11-1。

表 11-1　"是门"、"与门"和"或门"元件的逻辑关系

名称	是　门		与　门			或　门		
逻辑函数	$S = a$		$S = ab$			$S = a+b$		
真值表	a	S	a	b	S	a	b	S
	0	0	0	0	0	0	0	0
	1	1	0	1	0	0	1	1
			1	0	0	1	0	1
			1	1	1	1	1	1
逻辑符号	a —▷— S		a、b —(·)— S			a、b —(+)— S		

2.　"或门"元件

如图 11-37 所示为"或门"元件的结构图。图中 a、b 为信号输入孔，S 为信号输出孔。当仅 a 有输入信号时，阀片 1 下移封住信号孔 b，气流经 S 输出。当仅 b 有输入信号时，阀片 1 上移而封住信号孔 a，S 也有输出。当 a、b 均有输入信号时，阀片 1 在两信号作用下，上移、下移或保持中位，无论阀片 1 处于何种状态，S 均有输出。也就是说，a、b 两个输入信号中，只要有一个，或两个同时存在，S 都有输出。"或门"元件的逻辑关系见表 11-1。

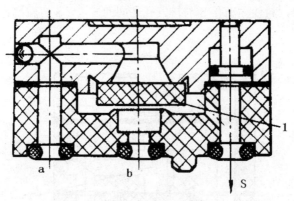

图 11-37 "或门"元件
1—阀片

3. "非门"和"禁门"元件

如图 11-38 所示为"非门"和"禁门"元件的结构图。图中 a 为信号输入孔，S 为信号输出孔，中间孔接气源作 P 孔时为"非门"元件。当 a 无信号输入时，阀片 1 在气源压力作用下上移，封住 S 与排气孔之间的通路，S 有输出。当 a 有信号输入时，阀片 1 下移，封住气源孔 P，S 无输出。即一旦 a 有信号输入时，输出端就"非"了，即没有输出。

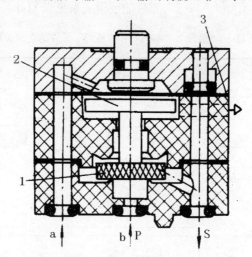

图 11-38 "非门"和"禁门"元件
1—阀片　2—阀杆　3—膜片

若把中间孔改接另一输入信号作 b 孔时，即成为"禁门"元件。此时当 a、b 均有输入信号时，阀片 1 及阀杆 3 在 a 输入信号作用下，封住 b 孔，S 无输出；当 a 无信号，而 b 有输入信号时，S 有输出。也就是说，a 的输入信号对 b 的输入信号起"禁止"作用。"非门"和"禁门"元件的逻辑关系见表 11-2。

表 11-2 "非门"和"禁门"元件的逻辑关系

名　称	非　门	禁　门
逻辑函数	$S = \bar{a}$	$S = \bar{a}b$
真值表	<table><tr><td>a</td><td>S</td></tr><tr><td>0</td><td>1</td></tr><tr><td>1</td><td>0</td></tr></table>	<table><tr><td>a</td><td>b</td><td>S</td></tr><tr><td>0</td><td>0</td><td>0</td></tr><tr><td>0</td><td>1</td><td>1</td></tr><tr><td>1</td><td>1</td><td>0</td></tr><tr><td>1</td><td>0</td><td>0</td></tr></table>
逻辑符号	u —◁— S	a ┤ b —⟩•— s

4. "或非"元件

如图 11-39 所示为"或非"元件的工作原理图。图中 a、b、c 为三个信号输入孔,中间孔 P 接气源,S 为信号输出孔。当三个信号输入孔均无信号输入时,阀芯 1 在气源压力作用下上移,开启下阀口,接通 P、S,S 有输出。若三个信号输入孔中的任一个或两个或三个有信号输入时,相应膜片在输入信号压力作用下,使阀芯下移,关闭下阀口;切断 P 与 S 的通路,S 都无输出。"或非"元件的逻辑关系见表 11-3。

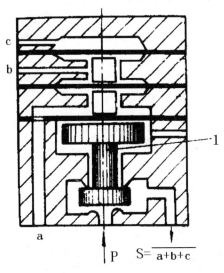

$$S = \overline{a+b+c}$$

图 11-39 "或非"元件
1—阀芯

表 11-3 "或非"元件的逻辑关系

逻 辑 函 数				真 值 表			
$S = \overline{a+b+c}$				a	b	c	S
				0	0	0	1
				1	0	0	0
逻 辑 符 号				0	1	0	0
				0	0	1	0
				1	1	0	0
				1	0	1	0
				0	1	1	0
				1	1	1	0

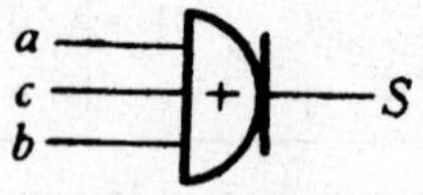

11.5 思 考 题

1. 说明空气压缩机的工作原理。
2. 说明后冷却器的作用。
3. 在压缩空气站中，为什么既有除油器，又有油雾器？
4. 汽缸有哪些类型？
5. 气动换向阀与液动换向阀有何区别？
6. 试写出下列阀的图形符号：

直动式减压阀，先导式溢流阀，单向节流阀，排气节流阀，梭阀，快速排气阀，二位三通单气控截止式换向阀，双电控直动式电磁换向阀

第 12 章 气压传动常用回路

气动系统与液压系统一样，无论简单还是复杂，均由一些具有不同功能的气动基本回路所组成。但由于工作介质空气和液压油不同，因此气动回路与液压回路相比较，有其自己的特点，如气动回路由空气压缩机站集中供气；不设排气管道；空气没有润滑性；气动元件的安装位置对其性能影响大等。充分认识这些特点，熟悉气动基本回路的组成、性能和用途，对分析和综合气动控制系统都是大有用处的。

12.1 方向控制回路

12.1.1 单作用汽缸换向回路

如图 12-1 所示为用电磁换向阀控制的单作用汽缸换向回路。在图 12-1（a）所示回路中，当电磁铁通电时，气压使活塞杆伸出，当电磁铁断电时，活塞杆在弹簧作用下缩回。在图 12-1（b）所示回路中，电磁铁断电后能使活塞停留在行程中任意位置。

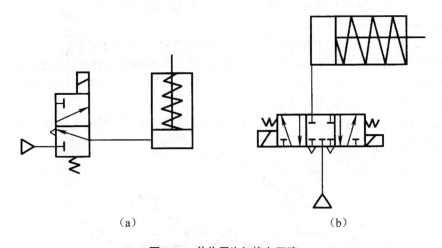

（a）   （b）

图 12-1 单作用汽缸换向回路

12.1.2 双作用汽缸换向回路

如图 12-2 所示为用液控换向阀控制的双作用汽缸换向回路。在图 12-2（a）所示回路中，对换向阀左右两侧分别输入控制信号，使活塞伸出和收缩。在图 12-2（b）所示回路中，除控制双作用汽缸换向外，还可在行程中的任意位置停止运动。

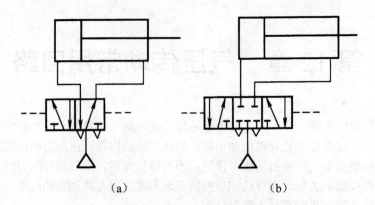

（a）　　　　　　　　　　（b）

图 12-2　双作用汽缸换向回路

12.2　压力控制回路

压力控制回路使回路中的压力保持在一定范围以内，或使回路得到高低不同的两种压力。

12.2.1　一次压力控制回路

一次压力控制回路用来控制储气罐内的压力，使它不超过规定的压力，提供给系统一种稳定的压力。

如图 12-3 所示为一次压力控制回路。常采用电接触点压力表 1 和外控溢流阀 2 来控制。当采用溢流阀控制时，若储气罐内的压力超过规定值时，溢流阀被打开，压缩机输出的压缩空气经溢流阀排入大气；当采用电接触点压力表控制时，它可直接控制压缩机的转动或停止，同样可使储气罐内的压力保持在规定值以内。

采用溢流阀控制，结构简单，工作可靠，但气量浪费较大；而采用电接触点压力表控制，则对电机及其控制要求较高。

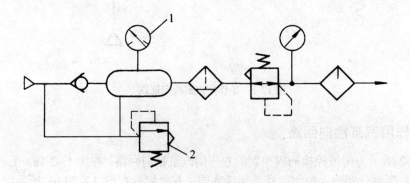

图 12-3　一次压力控制回路

1—电接触点压力表　2—外控溢流阀

12.2.2 二次压力控制回路

二次压力控制回路主要用于对气控系统压力源的压力控制。

图 12-4 所示为一种常用的二次压力控制回路，输出压力的高低由溢流式减压阀来调节的。

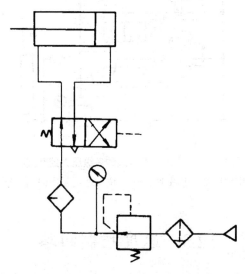

图 12-4 二次压力控制回路

如图 12-5 所示为可提供两种压力的二次压力控制回路。图 12-5（a）所示是由两个减压阀分别控制输出的高低压力 p_1 和 p_2。图 12-5（b）所示是利用两个减压阀和一个换向阀控制得到输出的高低压力 p_1 和 p_2 的转换。

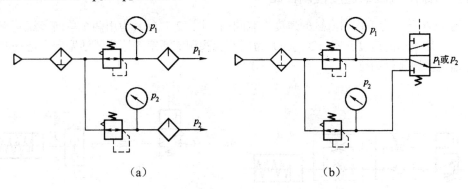

（a） （b）

图 12-5 可提供两种压力的二次压力控制回路

12.2.3 多级压力控制回路

在一些场合，例如在平衡系统中，需要根据工件自重的不同提供多种平衡压力，这时就需要用到多级压力控制回路。

如图 12-6 所示为一种采用远程调压阀的多级压力控制回路。在该回路中，远程调压阀 1 的先导压力通过三通电磁换向阀 3 的切换来控制，可根据需要设定低、中、高三种先导压力。在进行压力切换时，必须用电磁阀 2 先将先导压力泄压，然后再选择新的先导压力。

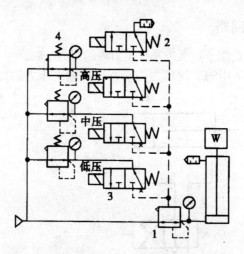

图 12-6　采用远程调压阀的多级压力控制回路
1—远程调压阀　2—电磁阀　3—二位三通电磁换向阀　4—减压阀

12.3　速度控制回路

速度控制回路用来调节汽缸的运动速度或实现汽缸的缓冲等。汽缸活塞的速度控制可以采用进气节流调速和排气节流调速。

12.3.1　单作用汽缸的速度控制回路

如图 12-7 所示为单作用汽缸的速度控制回路。图 12-7（a）为用两个单向节流阀来分别控制活塞往复运动的速度。图 12-7（b）为用节流阀调节活塞的速度，活塞向左运动时，汽缸左腔通过快速排气阀排气。

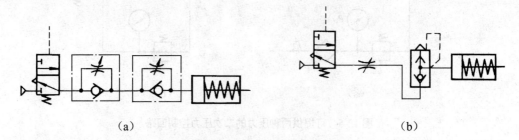

|　(a)　|　(b)　|

图 12-7　单作用汽缸的速度控制回路

12.3.2　双作用汽缸的速度控制回路

（1）如图 12-8 所示为采用单向节流阀的双作用汽缸的调速回路，调节节流阀的开度可调整汽缸的往复运动速度。

（2）如图 12-9 所示为缓冲回路。当活塞向右运动时，缸右腔的气体经行程阀及三位五通阀排出，当活塞运动到末端碰到行程阀时，气体经节流阀通过三位五通阀排出，活塞运动速度得到缓冲，此回路适合于活塞惯性力大的场合。

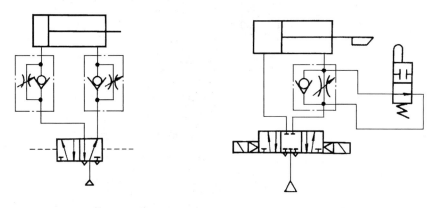

图 12-8 双作用汽缸的调速回路   图 12-9 缓冲回路

12.3.3 气-液调速回路

如图 12-10 所示为采用气-液转换器的调速回路。此调速回路可实现快进、工进、快退等工况。该回路利用气液转换器将气压变成液压，充分发挥了气动供气方便和液压速度容易控制的优点。

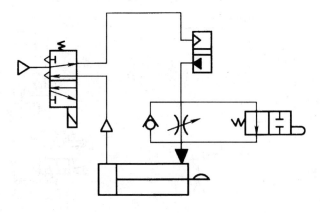

图 12-10 气-液调速回路

12.4 其他常用气动回路

12.4.1 安全保护回路

在气动系统中，为了保护操作者的人身安全和设备的正常运转，常采用安全保护回路。

（1）互锁回路。如图 12-11 所示为互锁回路，主控阀的换向将受三个串联机控三通阀的控制，只有三个机控三通阀都接通时，主控阀才能换向，活塞才能动作。

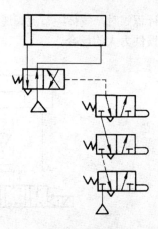

图 12-11　互锁回路

　　（2）过载保护回路。如图 12-12 所示为过载保护回路，当活塞向右运行过程中遇到障碍或其他原因使汽缸过载时，左腔内的压力将逐渐升高，当其超过预定值时，打开顺序阀 3 使换向阀 4 换向，阀 1、2 同时复位，汽缸返回，保护设备安全。

　　（3）双手操作回路。图 12-13 所示为双手同时操作回路，为使主控阀 3 换向，汽缸动作，必须同时按下两个二位三通手动阀 1 和 2。这两个阀必须安装在单手不能同时操作的位置上，在操作时，如任何一只手离开时则信号消失，主控阀复位，则汽缸的活塞自动返回。对操作人员起到安全保护的作用。这种回路常用于冲压或锻压作业中。

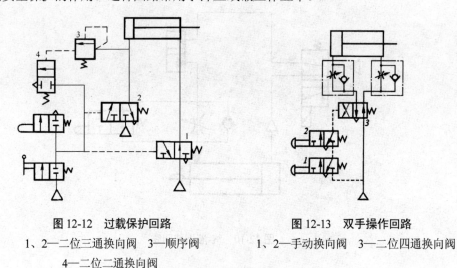

图 12-12　过载保护回路　　　　　　图 12-13　双手操作回路

1、2—二位三通换向阀　3—顺序阀　　　1、2—手动换向阀　3—二位四通换向阀

4—二位二通换向阀

12.4.2　程序动作回路

　　程序动作回路主要是可是执行元件按预定程序动作。

　　（1）往复动作回路

　　气动系统中，常用各种形式的往复动作回路，以提高系统的自动化。

　　如图 12-14 所示为三种往复动作回路，图 12-14（a）为行程阀控制的单往复回路，按下手动换向阀 1 后，压缩空气使阀 3 换向，活塞杆向右伸出，当活塞杆上的挡铁碰到行程阀 2

时，阀 3 复位，活塞杆返回。图 12-14（b）为压力阀控制的往复动作回路，当按下阀 1 的手动按钮后，阀 3 右移，汽缸无杆腔进气使活塞杆伸出，同时气压还作用在顺序阀 4 上。当活塞到达终点后，无杆腔压力升高并打开顺序阀，使阀 3 又切换至右位，活塞杆就缩回。如图 12-14（c）是利用延时回路形成的时间控制往复动作回路。当按下行程阀 2 后，延时一段时间后，阀 3 才能换向，活塞杆再缩回。

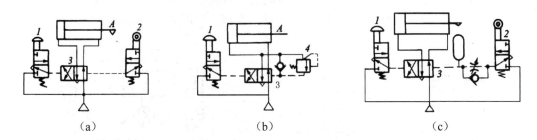

图 12-14　往复动作回路
1—手动换向阀　2—行程阀　3—二位四通换向阀　4—顺序阀

（2）顺序动作回路

如图 12-15 所示为双缸顺序动作回路。图中 A、B 两缸按"A 进→B 进→B 退→A 退（即 $A_1 \to B_1 \to B_0 \to A_0$）"的顺序动作。图示位置，两缸均处于左端。当按下二位三通手动阀使其处于上位时，控制气体使二位五通双气控制换向阀 5 处于左位，压缩空气进入缸 A 左腔，使其活塞先实现动作 A_1；缸 A 向右运动并松开二位三通行程阀 1 后，使行程阀 1 自动复位，换向阀左侧控制气体排到大气，但该换向阀仍处于左位（具有双稳功能），使缸 A 直到压下右侧的二位五通行程阀 3 后，二位五通单气控制换向阀 6 换至左位，缸 B 左腔进入压缩空气，其活塞也开始向右实现动作 B_1，此时缸 B 松开二位三通行程阀 2，使其自动复位；当缸 B 向右运动并压下二位五通行程阀 4 时，二位五通单气控换向阀 6 复位到右位，压缩空气先进入到 B 缸右腔，缸 B 活塞先向左退回实现动作 B_0；当缸 B 退回至原位并再次压下二位三通行程阀 2 时，双气控换向阀 5 处于右位，缸 A 右腔也开始进入压缩空气，使其活塞向左退回实现动作 A_0。这些动作均是按预定动作设计实施。这种回路能在速度较快的情况下正常工作，主要用在气动机械手、气动钻床及其他自动设备上。

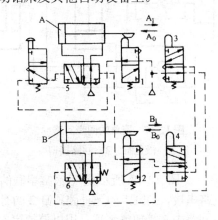

图 12-15　双缸顺序动作回路
1、2—二位三通行程阀　3、4—二位五通行程阀　5—二位五通双气控换向阀　6—二位五通单气控换向阀

12.4.3　延时回路

　　如图 12-16 所示为延时回路。图 12-16（a）为延时输出回路，当控制信号切换阀 4 后，压缩空气经单向节流阀 3 向气罐 2 充气。当充气压力经过延时升高致使阀 1 换位时，阀 1 就有输出。图 12-16（b）为延时接通回路，按下阀 8，则活塞向外伸出，当活塞在伸出行程中压下阀 5 后，压缩空气经节流阀到气罐 6，延时后才将阀 7 切换，活塞退回。改变节流阀的开度，可调节延时换向的时间。若将单向阀反接，即成为延时断开回路。

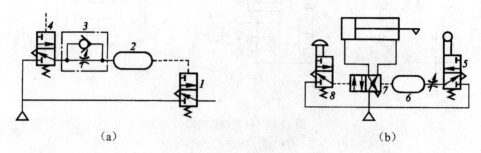

（a）　　　　　　　　　　　　　　　　　　（b）

图 12-16　延时回路

1—二位三通换向阀　2—气罐　3—单向节流阀　4—二位三通换向阀
5—行程阀　6—气罐　7—二位四通换向阀　8—手动换向阀

12.4.4　同步回路

　　当气动系统需要控制两缸按相同的速度和位移量运动时，可采用同步回路。

　　（1）简单的同步回路。如图 12-17 所示为简单的同步回路。使两汽缸同步的措施是采用刚性零件连接两缸的活塞杆。分别调节两节流阀的开度，可实现两缸同步。

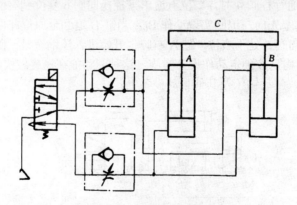

图 12-17　简单的同步回路

1、2—液压缸　3—回路接口

　　（2）气-液缸串联的同步回路。图 12-18 所示是气-液缸串联的同步回路。其特点是将油液密封在回路之中，油路和气路串接。当缸 1 的无杆腔和缸 2 的有杆腔的有效作用面积相等时，就可实现两缸速度同步。回路中 3 接放气装置，用以放掉窜入油中的空气。

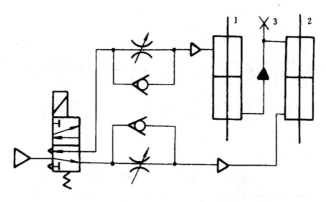

图 12-18　气-液缸串联的同步回路

12.5　思　考　题

1. 什么是延时回路？它相当于什么电气元件？
2. 双手操作回路为什么能起保护操作者的作用？
3. 试设计完成"快进→工进→快退"自动循环的回路。
4. 试利用两个双作用缸，一个顺序阀，一个二位四通单电控换向阀设计顺序动作回路。

附录 1 常用液压与气动元件图形符号（摘自 GB/T 786.1—1993）

附表 1-1 基本符号、管路及连接

名　称	符　号	名　称	符　号
工作管路		管端连接于油箱底部	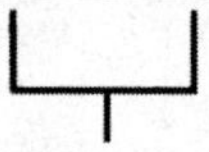
控制管路		密闭式油箱	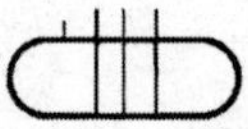
连接管路	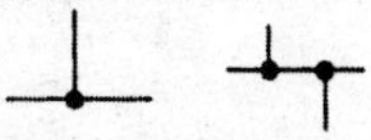	管口在液面以上的油箱	
交叉管路	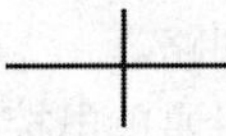	管口在液面以下的油箱	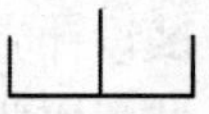
柔性管路		带单向阀快换接头	
组合元件线		不带单向阀快换接头	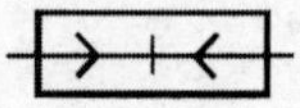
直接排气		单通路旋转接头	
带连接排气	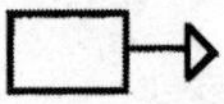	三路旋转接头	

附表 1-2 控制机构和控制方法

名　称	符　号	名　称	符　号
按钮式人力控制	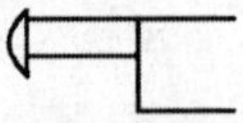	内部压力控制	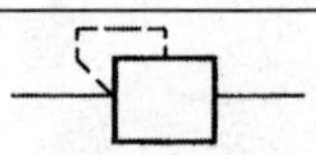
手柄式人力控制	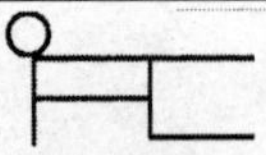	外部压力控制	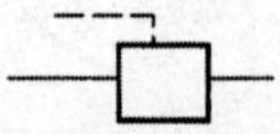
踏板式人力控制	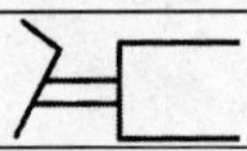	液压先导控制	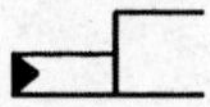
单向滚轮式机械控制	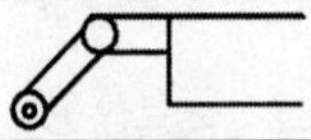	液压二级先导控制	
顶杆式机械控制	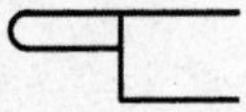	液压先导泄压控制	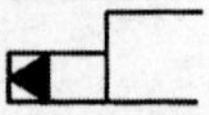

（续表）

名　称	符　号	名　称	符　号
滚轮式机械控制	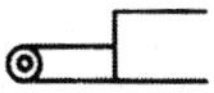	气-液先导控制	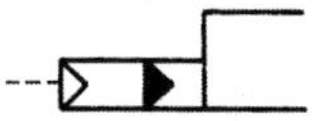
弹簧控制	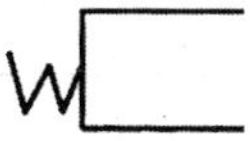	电-液先导控制	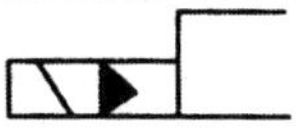
单作用电磁控制	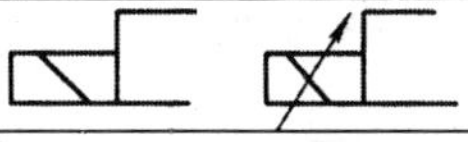	电-气先导控制	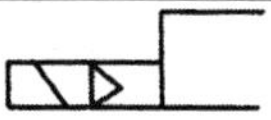
双作用电磁控制	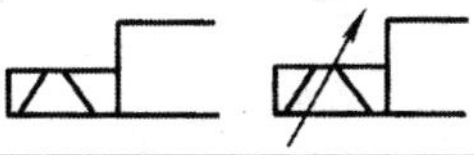	气压先导控制	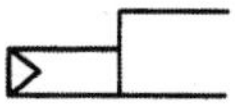
电动机旋转控制	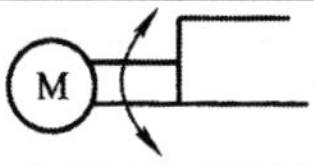	电反馈控制	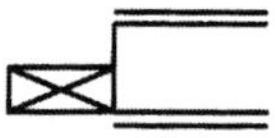
加压或泄压控制	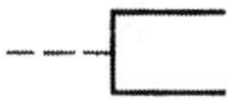	差动控制	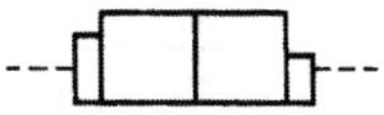

附表 1-3　泵、马达和缸

名　称	符　号	名　称	符　号
单向定量液压泵	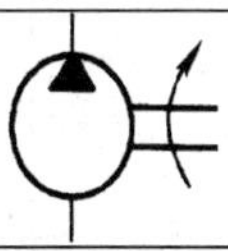	液压整体式传动装置	
双向定量液压泵	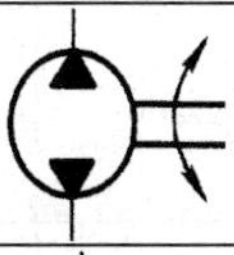	摆动马达	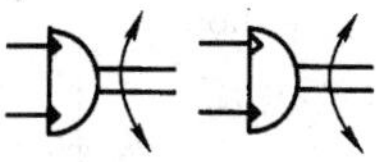
单向变量液压泵	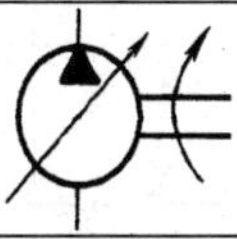	单作用弹簧复位缸	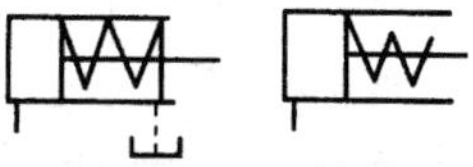
双向变量液压泵	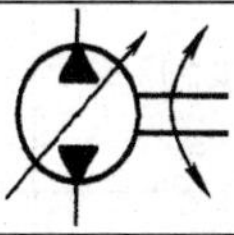	双作用单活塞杆缸	
单向定量马达	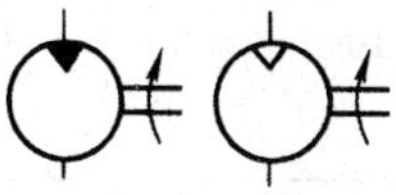	双作用双活塞杆缸	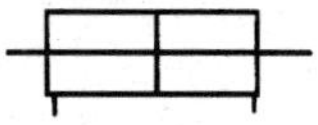
双向定量马达	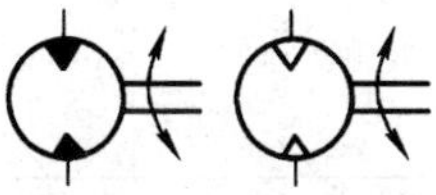	单作用伸缩缸	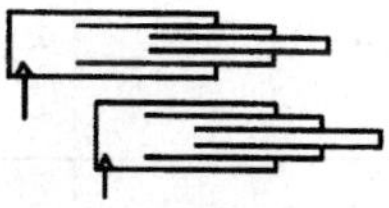
单向变量马达	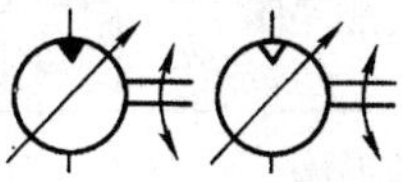	双作用伸缩缸	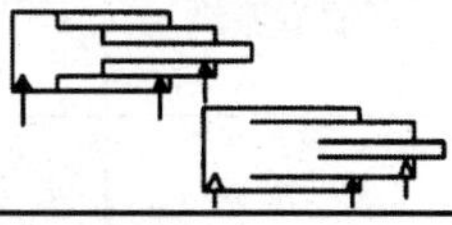

（续表）

名　称	符　号	名　称	符　号
双向变量马达	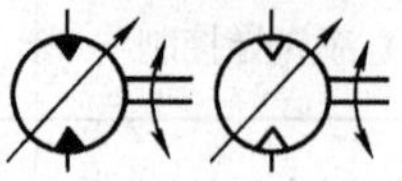	单向缓冲缸	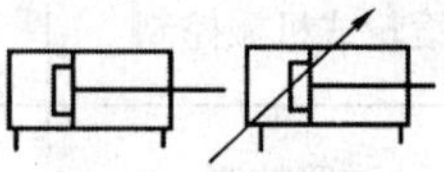
定量液压泵-马达	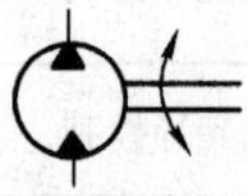	双向缓冲缸	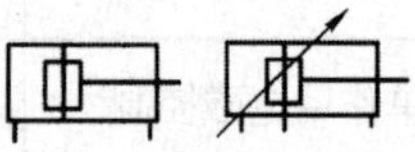
变量液压泵-马达	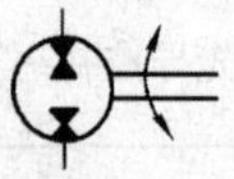	增压器	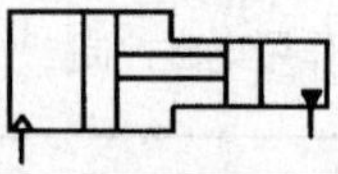

附表1-4　控制元件

名　称	符　号	名　称	符　号
直动型溢流阀	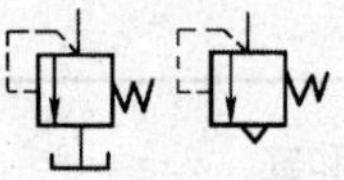	直动型减压阀	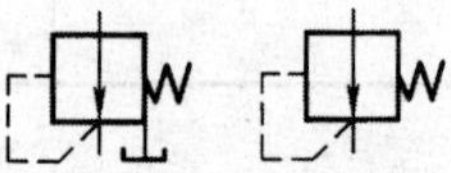
先导型溢流阀	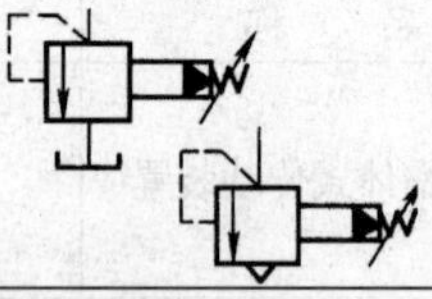	先导型减压阀	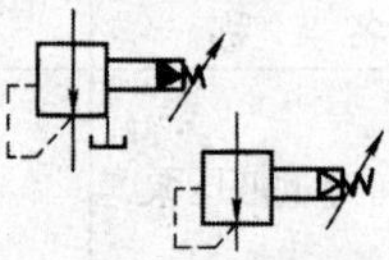
先导型比例 电磁溢流阀	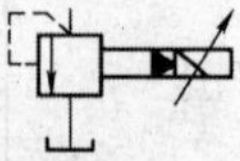	溢流减压阀	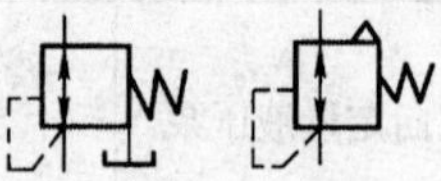
先导型比例 电磁式溢流阀	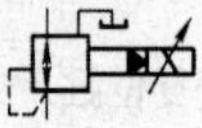	定比减压阀	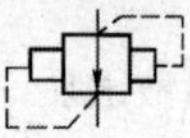
卸荷溢流阀	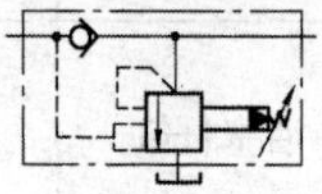	定差减压阀	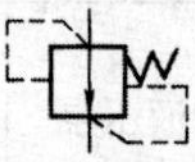
双向溢流阀	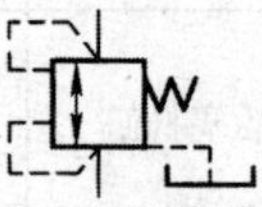	直动型顺序阀	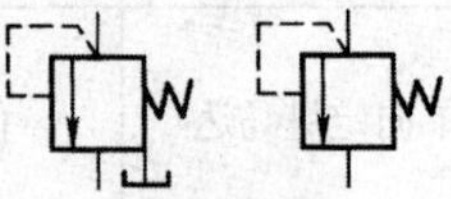
直动型卸荷阀	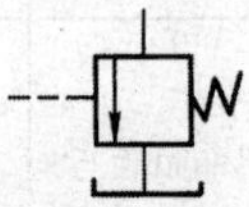	先导型顺序阀	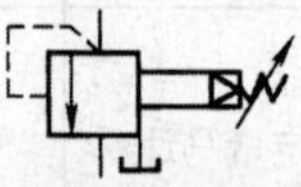
不可调节流阀		单向顺序阀	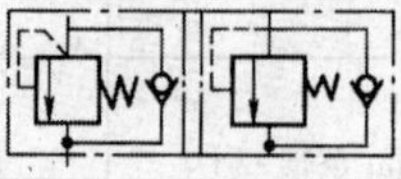
可调节流阀		单向阀	

（续表）

名　　称	符　　号	名　　称	符　　号
可调单向节流阀		液控单向阀	
带消音器的节流阀		液压锁	
调速阀		或门型梭阀	
单向调速阀		与门型梭阀	
温度补偿调速阀		快速排气阀	
旁通型调速阀		二位二通换向阀	
减速阀		二位三通换向阀	
分流阀		二位四通换向阀	
集流阀		二位五通换向阀	
分流集流阀		三位四通换向阀	
制动阀		三位五通换向阀	
四通电液伺服阀			

附表 1-5 辅助元件

名　称	符　号	名　称	符　号
过滤器		气罐	
磁性过滤器		压力计	
污染指示过滤器		液面计	
分水排水器		温度计	
空气过滤器		流量计	
除油器		压力继电器	
空气干燥器		消声器	
油雾器		液压源	
气源调节装置		气压源	
冷却器		电动机	
加热器		原动机	
蓄能器		气-液转换器	

附录 2 液压与气动元件及系统常见故障及排除

附录 2.1 液压元件及系统常见故障及排除方法

附表 2-1 液压泵常见故障及其排除方法

故障现象	产 生 原 因	排 除 方 法
噪声严重	1.液压泵吸油管口过滤器堵塞	1.清洗过滤器
	2.液压泵本身或其吸油管路密封不良、漏气，吸油位置太高	2.拧紧泵的连接螺栓及管路各紧固件,降低吸油高度
	3.从泵轴油封处有空气进入	3.更换油封
	4.泵盖螺钉松动	4.适当拧紧
	5.泵与电动机安装不同轴	5.重新安装或更换弹性联轴器
	6.油液粘度过高，油中有气泡	6.更换成适当粘度液压油，提高油液质量
	7.吸油口过滤器通过能力太小	7.改用通过能力较大的过滤器
	8.转速太高	8.使转速降至允许最高转速以下
	9.泵体腔道堵塞	9.清理或更换泵体
	10.轴向间隙因磨损而增大，输油量不足	10.修磨轴向间隙
	11.泵内轴承、叶片等元件损坏或精度变差	11.检修并更换已损坏零件
	12.溢流阀阻尼孔堵塞	12.拆卸溢流阀清洗
	13.管路振动或互相碰撞	13.适当加设支承管夹
不排油或无压力	1.原动机和液压泵转向不一致	1.纠正转向
	2.油箱油位过低	2.补油至油标线
	3.吸油管或过滤器堵塞	3.清洗吸油管路或过滤器，使其畅通
	4.启动时转速过低	4.使转速达到液压泵的最低转速以上
	5.油液粘度过大或叶片移动不灵活	5.更换粘度适合的液压油或提高油温
	6.叶片泵叶片与定子内面接触不良或卡死	6.检修叶片及修研定子内表面
	7.进油口漏气	7.更换密封件或接头
	8.组装螺钉过松	8.拧紧螺钉
漏油	1.柱塞泵中心弹簧损坏,使缸体与配油盘间失去密封性	1.更换弹簧
	2.油封或密封圈损伤	2.更换油封或密封圈
	3.密封表面不良	3.检查修理
	4.泵内零件间磨损、间隙过大	4.更换或重新配研零件

（续表）

故障现象	产 生 原 因	排 除 方 法
流量不足或压力不能升高	1.液压泵吸油管口过滤器堵塞 2.液压泵本身或其吸油管路密封不良、漏气，吸油位置太高 3.叶片泵个别叶片装反，运动不灵活 4.泵盖螺钉松动 5.系统泄漏 6.泵轴向和径向间隙过大 7.叶片泵定子内表面磨损 8.柱塞泵柱塞卡死 9.柱塞泵变量机构失灵 10.侧板端磨损严重，泄漏增加 11.溢流阀失灵	1.清洗过滤器 2.拧紧泵的连接螺栓及管路各紧固件，降低吸油高度 3.逐个检查更正 4.适当拧紧 5.对系统进行顺序检查 6.检修液压泵 7.更换零件 8.检修柱塞泵 9.检查变量机构，纠正其调整误差 10.更换零件 11.检修溢流阀
过热	1.油液粘度过高 2.侧板和轴套与齿轮端面严重磨损 3.油液变质，吸油阻力增大 4.油箱容积太小，散热不良	1.更换成粘度适合的液压油 2.修理或更换侧板和轴套 3.换油 4.加大油箱，扩大散热面积
柱塞泵变量机构失灵	1.在控制油路上，可能出现堵塞 2.变量头与变量体磨损 3.伺服活塞、变量活塞以及弹簧心轴卡死	1.净化油，必要时冲洗油路 2.刮修，使圆弧面配合良好 3.如机械卡死，可研磨修复，如油液污染，则清洗零件并更换油液
柱塞泵不转	1.柱塞与缸体卡死 2.柱塞球头折断，滑靴脱落	1.检修柱塞泵 2.更换零件

附表 2-2　液压马达常见故障及其排除方法

故障现象	产 生 原 因	排 除 方 法
噪声过大	1.吸油口滤油器堵塞，进油管漏气 2.联轴器与马达轴不同心或松动 3.齿轮马达齿形精度低，接触不良，轴向间隙小，内部个别零件损坏，滚针轴承断裂，轴承架损坏 4.叶片和主配油盘接触的两侧面、叶片顶端或定子表面磨损或刮伤，扭力弹簧变形或损坏 5.径向柱塞马达的径向尺寸严重磨损	1.清洗，紧固接头 2.重新安装调整或紧固 3.研磨修整齿形或更换齿轮，研磨有关零件重配轴向间隙，对损坏零件进行更换 4.根据磨损程度修复或更换 5.修磨缸孔，重配柱塞
转速低输出转矩小	1.由于过滤器堵塞，油液粘度过大，泵间隙过大，泵效率低，使供油不足 2.电动机转速低，功率不匹配 3.密封不严，有空气进入 4.油液污染，堵塞马达内部通道 5.油液粘度小，内泄漏增大 6.油箱中油液不足或管径过小或过长 7.齿轮马达侧板和齿轮两侧面、叶片马达配油盘和叶片等零件磨损造成内泄漏和外泄漏 8.单向阀密封不良，溢流阀失灵	1.清洗滤油器，更换粘度适合的油液，保证供油量 2.更换电动机 3.紧固密封 4.拆卸、清洗马达，更换油液 5.更换粘度适合的油液 6.加油，加大吸油管径 7.对零件进行修复 8.修理阀芯和阀座

附表 2-3　液压缸的常见故障及排除方法

故障现象	产　生　原　因	排　除　方　法
外泄漏 活塞杆与密封衬套间漏气； 缸体与端盖间	1.衬套密封圈磨损 2.活塞杆有伤痕 3.活塞杆偏心 4.管接头密封不良 5.缸盖处密封不良	1.更换衬套密封圈 2.更换活塞杆 3.重新安装，消除活塞杆的偏载 4.检查修理密封圈及接触面 5.检查并修整
速度不够不运动	1.装配精度或安装精度超差 2.活塞密封圈损坏，缸内泄漏严重 3.缸盖处密封圈压得太紧，使摩擦力过大 4.间隙密封的活塞、缸壁磨损过大，内泄漏多 5.活塞杆处密封圈磨损严重或损坏 6.油温太高，粘度降低，泄漏增加，使缸速度减慢	1.检查、保证达到规定的精度 2.更换密封圈 3.适当调松压盖螺钉 4.修研缸内孔，重配新活塞 5.调紧压盖螺钉或更换密封圈 6.检查温升原因，采取散热措施，如间隙过大，可单配活塞或增装密封环
油缸爬行	1.外界空气进入缸内 2.活塞式液压缸端盖密封圈压得太紧 3.活塞和活塞杆不同心，活塞杆不直 4.缸内壁拉毛，局部磨损严重或腐蚀 5.安装位置有偏差 6.双活塞杆两端螺母拧得太紧	1.得用排气装置排气 2.调整压盖螺钉（不漏油即可） 3.校正或更换 4.适当修理，严重者重新磨缸内孔，按要求重配活塞 5.校正 6.调整
冲击	1.液压缸缓冲装置失灵 2.节流阀失去作用 3.用间隙密封的活塞，与缸筒间隙过大，节流阀失去作用	1.检修和调整 2.调整节流阀 3.更换活塞，使间隙达到要求，检查节流阀

附表 2-4　压力控制阀的常见故障及排除方法

故障现象	产　生　原　因	排　除　方　法
溢流阀压力波动	1.滑阀拉毛或产生变形，运动不灵活 2.锥阀或球阀与阀座接触不良或磨损 3.弹簧刚度太低或弹簧弯曲 4.油液不清洁，阻尼孔不通畅 5.压力表不准	1.修理或更换滑阀 2.修研阀座或更换锥阀、球阀 3.更换弹簧 4.清洗滑阀，清洗阻尼孔，更换油液 5.修理或更换压力表
溢流阀有明显振动噪音	1.调压弹簧变形，不复原 2.回油路中混入空气 3.流量超值 4.油温过高，回油阻力过大	1.更换弹簧 2.排气，紧固油路接头 3.调整流量 4.控制油温，将回油阻力降至正常
溢流阀泄漏	1.阀芯与阀体间配合间隙过大 2.锥阀或球阀与阀座接触不良 3.油管与阀接头松动 4.密封件损坏	1.更换阀芯，重新调整 2.修研阀座或更换锥阀、球阀 3.紧固接头 4.更换密封件

（续表）

故障现象	产 生 原 因	排 除 方 法
溢流阀调压失灵	1.滑阀卡死 2.滑阀阻尼孔堵塞 3.弹簧已变形或折断 4.进出油口接反 5.先导阀座小孔堵塞	1.检查、修研，调整阀盖螺钉紧固力 2.清洗阻尼孔 3.更换弹簧 4.重装 5.清洗小孔
减压阀压力不稳且与调定压力不符	1.主阀弹簧太软、变形或在滑阀中卡住，使阀移动困难 2.油箱液面低于回油管口或滤油器 3.锥阀与阀座配合不良 4.油液泄漏	1.更换弹簧 2.补油 3.更换锥阀 4.检查密封，拧紧螺钉
减压阀不起作用	1.泄油口螺堵未拧出 2.滑阀卡死 3.油液不清洁，阻尼孔堵塞	1.拧出螺堵，接上泄油管 2.清洗或重配滑阀 3.清洗阻尼孔，更换油液
顺序阀振动噪音	油管不适合，回油阻力过大或油温过高	降低回油阻力，降温至规定温度
顺序阀动作压力与调定压力不符	1.调压弹簧调不当 2.调压弹簧变形，无法调节最高压力 3.滑阀卡死	1.反复几次调整，至所需压力 2.更换弹簧 3.修理或更换滑阀
压力继电器无输出信号	1.微动开关损坏或与其相接的触头未调好 2.电气线路故障 3.阀芯卡死或阻尼孔堵塞 4.调节弹簧太硬或压力得过高 5.弹簧和顶杆装配不良，有卡滞现象	1.更换微动开关，调整触头使之接触良好 2.检查原因，排除故障 3.清洗，修研，达到要求 4.更换适宜的弹簧或按要求调节压力值 5.重新装配，使动作灵敏
压力继电器灵敏度太差	1.顶杆柱塞处或钢球与柱塞接触处摩擦力过大 2.微动开关接触行程太长或调整螺钉、顶杆等调节不当 3.阀芯移动不灵活	1.重新装配，使动作灵敏 2.合理调整 3.清洗、修理阀芯，达到灵活

附表 2-5　方向控制阀的常见故障及排除方法

故障现象	产 生 原 因	排 除 方 法
主阀芯不动或不到位	1.滑阀卡住 （1）滑阀与阀体配合间隙过小 （2）阀芯碰伤，油液被污染 （3）阀芯与阀体几何精度差 2.液动换向阀控制油路有故障 （1）因控制油路电磁阀未换向或控制油路被堵塞导致控制油路无油 （2）因阀端盖处漏油或滑阀排油腔一侧节流阀调节得过小或被堵死导致控制油路压力不足 （3）滑阀两端泄油口没有接回油箱或泄油管堵塞	1.检查滑阀 （1）检查间隙情况，研修或更换阀芯 （2）检查、修磨或重配阀芯，换油 （3）检查、修正偏差及同心度 2.检查控制回路 （1）检查，清洗，消除故障 （2）拧紧端盖螺钉，清洗节流阀并调整适宜 （3）检查并消除故障

（续表）

故障现象	产　生　原　因	排　除　方　法
主阀芯不动或不到位	3.先导电磁阀故障 （1）阀芯与阀体孔卡死（如零件几何精度差；阀芯与阀孔配合过紧；油液过脏） （2）弹簧侧弯，使滑阀卡死	3.检查先导电磁阀 （1）修理配合间隙达到要求，使阀芯移动灵活；过滤或更换油液 （2）更换弹簧
	4.电磁铁故障 （1）交流电磁铁因滑阀卡住，铁芯吸不到底面烧毁 （2）电磁铁漏磁或吸力不足 （3）电气线路出故障	4.检查电磁铁 （1）清除滑阀卡住故障，更换电磁铁 （2）检查原因，修理或更换 （3）检查并消除故障
	5. 安装不良，阀体变形 （1）安装螺钉拧紧力矩不均匀 （2）阀体上连接的管子"别劲"	5.检查阀体 （1）重新紧固螺钉，并使之受力均匀 （2）重新安装
	6.弹簧折断、漏装、太软，不能使滑阀恢复中位，导致不能换向	6.检查，更换或补装弹簧
	7.电磁换向阀的推杆磨损后长度不够，使阀芯移动过小或过大，引起换向不灵或不到位	7.检查并修复，必要时换杆

附表 2-6　流量阀的常见故障及排除方法

故障现象	产　生　原　因	排　除　方　法
调整节流阀手柄无流量变化	1.油液过脏，使节流口堵死 2.手柄与节流阀芯装配位置不合适 3.节流阀阀芯上连接失落或未装键 4.节流阀阀芯配合间隙过小、变形而卡死 5.调节杆螺纹被脏物堵住，造成调节不良 6.压力补偿阀不动作	1.检查油质，过滤油液 2.检查原因，重新装配 3.更换键或补装键 4.清洗，修配间隙或更换零件 5.拆开清洗，重新装配 6.检查并修理压力补偿阀
执行元件运动速度不稳定（流量不稳定）	1.节流口处积有污物，造成时堵时通 2.简式节流阀外载荷变化引起流量变化 3.油液过脏，堵死节流口或阻尼孔 4.压力补偿阀动作不灵敏 5.内泄和外泄使流量不稳定，造成执行元件工作速度不均匀	1.拆开清洗，检查油质，若不合格应更换 2.对外载荷变化大或要求执行元件运动速度非常平稳的系统，应改用调速阀 3.清洗，检查油质，不合格的应更换 4.检查并修理压力补偿阀 5.消除泄漏，或更换元件
流量阀的泄漏	1.阀芯与阀孔配合间隙过大 2.油管与阀接头松动 3.密封件损坏	1.更换阀芯，重新调整 2. 紧固接头 3.更换密封件

附表 2-7　液压系统常见故障及其排除方法

故障现象	产　生　原　因	排　除　方　法
系统无压力或压力不足	1.溢流阀开启，由于阀芯被卡住，不能关闭，阻尼孔堵塞，阀心与阀座配合不好或弹簧失效 2.其他控制阀阀芯由于故障卡住，引起卸荷 3.液压元件磨损严重或密封件损坏，造成内、外泄漏 4.液位过低，吸油堵塞或油温过高 5.泵反转，转速过低或动力不足	1.修研阀心与阀体，清晰阻尼孔，更换弹簧 2.找出故障部位，清洗或研修，使阀芯在阀体内能够灵活运动 3.检查泵、阀及管路各连接处的密封性，修理或更换零件和密封件 4.加油，清洗吸油管路或冷却系统 5.检查动力源

（续表）

故障现象	产 生 原 因	排 除 方 法
系统流量不足	1.油箱液位过低，油液粘度较大，过滤器堵塞引起吸油阻力过大 2.液压泵转向错误，转速过低或空转磨损严重，性能下降 3.管路密封不严，空气进入 4.蓄能器漏气，压力及流量供应不足 5.其他液压元件及密封件损坏引起泄漏 6.控制阀动作不灵	1.检查液位，补油，更换粘度适宜的液压油，保证吸油管直径足够大 2.检查原动机、液压泵及液压泵变量机构，必要时换泵 3.检查管路连接及密封是否正确可靠 4.检修蓄能器 5.修理或更换 6.调整或更换
油温过高	1.冷却器通过能力小或出现故障 2.油箱液位过低或粘度不合适 3.油箱容量小或散热性差 4.压力调整不当，长期在高压下工作 5.管路过细且弯曲，造成压力损失增大，引起发热 6.环境温度较高 7.系统由于泄漏、机械摩擦造成功率损失过大	1.排除故障或更换冷却器 2.加油或换粘度合适的液压油 3.增大油箱容量，增设冷却装置 4.限定系统压力，必要时改进设计 5.加大管径，缩短管路，使油液流动通畅 6.改善环境，隔绝热源 7.检查泄漏，改善密封和润滑，提高运动部件加工精度、装配精度和润滑
系统泄露	1.接头松动，密封损坏 2.阀与阀板之间的连接不好或密封件损坏 3.系统压力长时间大于液压元件或辅助元件的额定工作压力，使密封件损坏 4.相对运动零件磨损，间隙过大	1.拧紧接头，更换密封 2.加强阀与阀板之间的连接，更换密封 3.限定系统压力，或更换许用压力较高的密封件 4.更换磨损零件，减小配合间隙
液压冲击	1.蓄能器充气压力不够 2.工作压力不高 3.先导阀、换向阀制动不灵及节流缓冲慢 4.液压缸端部无缓冲装置 5.溢流阀故障使压力突然升高 6.系统中有大量空气	1.给蓄能器充气 2.调整压力至规定值 3.减少制动锥斜角或增加制动锥长度，修复节流缓冲装置 4.增设缓冲装置或背压阀 5.修理或更换 6.排除空气
振动和噪声	1.液压泵：密封不严吸入空气，安装位置过高，吸油阻力大，齿轮齿形精度不够，叶片卡死断裂，柱塞卡死移动不灵活，零件磨损使间隙过大 2.液压油：液位太低，吸油管插入液面深度不够，油液粘度太大，过滤器堵塞 3.溢流阀：阻尼孔堵塞，阀芯与阀体配合间隙过大，弹簧失效 4.其他阀芯移动不灵活 5.管道：管道细长，没有固定装置，互相碰撞，吸油管与回油管太近 6.电磁铁：电磁铁焊接不良，弹簧过硬或损坏，阀芯在阀体内卡住 7.机械：液压泵与电动机连轴器不同心或松动，运动部件停止时有冲击，换向时无阻尼，电动机振动	1.更换吸油口的密封，吸油管口至泵进油口高度要小于500mm，保证吸油管直径，修复或更换损坏的零件 2.加油，增加吸油管长度至规定液面深度，更换合适粘度的液压油，清洗过滤器 3.清洗阻尼孔，修配阀芯与阀座间隙，更换弹簧 4.清洗，去毛刺 5.设置固定装置，扩大管道间距及吸油管和回油管间距离 6.重新焊接，更换弹簧，清洗及研配阀芯和阀体 7.保持泵与电动机轴的同心度不大于0.1mm，采用弹性连轴器，紧固螺钉，设置阻尼或缓冲装置，电动机作平衡处理

附录 2.2   气动元件及系统常见故障及排除

附表 2-8   汽缸的常见故障及排除方法

故障现象	产 生 原 因	排 除 方 法
外泄漏 （活塞杆与密封衬套间漏气；汽缸体与端盖间；从缓冲装置的调节螺钉处）	1.衬套密封圈磨损、润滑油不足 2.活塞杆有伤痕 3.活塞杆和密封衬套的配合处有杂质 4.活塞杆偏心 5.固定螺钉松动 6.密封圈损坏	1.更换衬套密封圈 2.更换活塞杆 3.去除杂质，安装防尘盖 4.重新安装，消除活塞杆的偏载 5.紧固螺钉 6.更换密封圈
内漏气 （活塞两侧串气）	1.活塞密封圈损坏 2.活塞被卡住 3.活塞配合面有缺陷，杂质挤入密封面 4.杂质挤入密封面 5.润滑不良	1.更换活塞密封圈 2.重新安装，消除活塞的偏载 3.更换零件 4.除去杂质 5.改善润滑
汽缸动作不平稳	1.外负载变动大 2.活塞或活塞杆卡住 3.空气中含有杂质或冷凝水 4.润滑不良 5.汽缸体内表面有锈蚀或缺陷	1.提高使用压力或增大缸径 2.检查安装情况，清除偏心 3.检查气源处理系统是否符合要求 4.调节或更换油雾器 5.视缺陷大小决定排除故障的方法
汽缸爬行	1.低于最低使用压力 2.汽缸内泄漏大 3.回路中耗气量变化大 4.负载太大	1.提高使用压力 2.排除漏气 3.增设储气罐 4.增大缸径
缓冲效果不好	1.缓冲密封圈密封性差 2.缓冲节流阀松动、损伤 3.调节螺钉损坏 4.缓冲能力不足	1.更换密封圈 2.调整锁定、更换 3.更换调节螺钉 4.重新设计缓冲机构

附表 2-9   减压阀的常见故障及排除方法

故障现象	产 生 原 因	排 除 方 法
阀体漏气	1.密封件损坏 2.弹簧松弛	1.更换密封件 2.张紧弹簧
压力调不高（流量不足）	1.复位弹簧断裂 2.膜片撕裂 3.阀口通径太小 4.阀下部积存冷凝水；阀内混入异物	1.更换弹簧 2.更换膜片 3.换阀 4.检查、清洗过滤器
二次压力升高	1.复位弹簧损坏 2.阀体中夹有灰尘，阀导向部分粘附异物 3.阀芯导向部分和阀体的 O 型密封圈收缩、膨胀 4.阀座有伤痕，或阀座橡胶剥落	1.更换弹簧 2.检查、清洗过滤器 3.更换 O 型密封圈 4.更换阀体

（续表）

故障现象	产 生 原 因	排 除 方 法
异常振动	1.进气阀芯或阀座间导向不良 2.弹簧的弹力减弱或弹簧错位 3.耗气量周期变化使阀频繁启闭，引起阀的共振 4.减压阀通径或进出口配管通径选小了	1.更换阀芯或修复 2.更换弹簧 3.尽量稳定耗气量 4.根据最大输出流量选用阀及配管通径
溢流孔处向外漏气	1.溢流阀座有伤痕（溢流式） 2.膜片破裂 3.二次侧背压增高	1.更换溢流阀座 2.更换膜片 3.检查二次侧的装置、回路
溢流口不溢流	1.溢流阀座孔堵塞 2.溢流孔座橡胶垫太软	1.清洗检查阀及过滤器 2.更换橡胶垫

附表 2-10　溢流阀的常见故障及排除方法

故障现象	产 生 原 因	排 除 方 法
压力调不高	1.弹簧损坏 2.膜片破裂	1.更换弹簧 2.更换膜片
压力超过调定值，但不溢流	1.阀内的孔堵塞 2.阀芯导向部分进入杂质	1.清洗阀 2.清洗阀
压力虽没有超过调定值，但二次侧已有气体溢出	1.阀内进入杂质 2.膜片破裂 3.阀座损坏 4.调压弹簧损坏	1.清洗阀 2.更换膜片 3.更换阀座 4.更换调压弹簧
溢流时发生振动（主要发生在膜片式阀，启闭压力差较小）	1.压力上升慢，溢流阀放出流量多 2.从气源到溢流阀之间被节流，阀前部压力上升慢	1.二次侧安装针阀，微调溢流量，使其与压力上升量匹配 2.增大气源到溢流阀的管道通径
阀体和阀盖处漏气	1.膜片破裂（膜片式） 2.密封件损坏	1.更换膜片 2.更换密封件

附表 2-11　换向阀的常见故障及排除方法

故障现象	产 生 原 因	排 除 方 法
阀产生振动	1.空气压力低（先导式） 2.电源电压低（电磁阀）	1.提高操纵压力，采用直动式 2.提高电源电压，使用低电压线圈
不能换向	1.阀的滑动阻力大，润滑不良 2.O 型密封圈变形，摩擦力增大 3.活塞密封圈磨损 4.杂质卡住滑动部分 5.弹簧损坏 6.膜片破裂 7.阀操纵力太小 8.阀芯另一端有背压（放气小孔被堵）	1.进行润滑 2.更换密封圈 3.更换密封圈 4.清除杂质 5.更换弹簧 6.更换膜片 7.检查阀的操纵部分 8.清洗阀

（续表）

故障现象	产 生 原 因	排 除 方 法
电磁铁有蜂鸣声	1.活动铁心密封不良 2.T 型活动铁心的铆钉脱落、铁心叠层分开不能吸合 3.杂质进入 I、T 型铁心的滑动部分，使铁心不能紧密接触 4.短路环损坏 5.弹簧太硬或卡死 6.电源电压低 7.外部导线拉得太紧	1.检查铁心接触和密封性，必要时更换铁心组件 2.更换活动铁心 3.清除杂质 4.更换固定铁心 5.调整或更换弹簧 6.提高电压到规定值 7.使用有富余长度的引线
线圈烧毁	1.环境温度高 2.换向过于频繁 3.吸引时电流过大，温度升高，使绝缘破坏而短路 4.杂质夹在阀和铁心之间，活动铁心不能吸合 5.线圈上有残余电压	1.按规定温度范围使用 2.改用高频阀 3.使用气动逻辑回路 4.清除杂质 5.使用正常电源电压，使用符合电压的线圈
电磁铁动作时间偏差大，或有时不能动作	1.活动铁心锈蚀，不通移动 2.在湿度高的环境中使用气动元件时，由于密封不完善而向磁铁部分泄露空气 3.电源电压低 4.杂质进入活动铁心的滑动部分，使运动恶化	1.铁心除锈 2.修理好对外部的密封，更换损坏的密封件 3.提高电源电压或使用符合电压的线圈 4.清除杂质
切断电源，活动铁心不能退回	杂质进入活动铁心的滑动部分	清除杂质

附表 2-12　油雾器的常见故障及排除方法

故障现象	产 生 原 因	排 除 方 法
油杯破损	1.在有有机溶剂的环境中使用 2.空压机输出某种焦油	1.选用金属杯或耐有机溶剂油杯 2.更换空压机润滑油或使用金属杯
不滴油或滴油量太小	1.油雾器装反 2.通往油杯的空气通道堵塞，油杯未加压 3.油道堵塞 4.通过流量小，压差不足以形成油滴 5.油粘度太大	1.改变安装方向 2.检查修理，加大空气通道 3.检查修理 4.更换合适规格的油雾器 5.换油
油滴数无法减少	油量调整螺栓失效	检查油量调整螺栓
漏气	1.油杯破损 2.密封不良 3.观察玻璃破损	1.更换油杯 2.检修密封 3.更换观察玻璃

附表 2-13　空气过滤器的常见故障及排除方法

故障现象	产生原因	排除方法
压力降太大	1.滤芯过滤精度太高 2.滤芯网眼堵塞 3.过滤器的流量范围太小	1.更换过滤精度合适的滤芯 2.用净化液清洗滤芯，必要时更换 3.更换流量范围大的过滤器
漏气	1.排水阀自动排水失灵 2.密封不良 3.因物理冲击、化学原因使塑料杯产生裂痕	1.修理或更换 2.更换密封件 3.采用金属杯
从输出端溢流出冷凝水	1.自动排水器发生故障 2.未及时排出冷凝水 3.超出过滤器的流量范围	1.修理或更换 2.定期排水或安装自动排水器 3.在适当流量范围内使用或更换大规格的过滤器
输出端出现异物	1.过滤器滤芯破损 2.滤芯密封不严 3.错用有机溶剂清洗滤芯	1.更换滤芯 2.更换滤芯密封垫 3.改用清洁的热水或煤油清洗
塑料水杯破损	1.在有有机溶剂的环境中使用 2.空压机输出某种焦油 3.对塑料有害的物质被空压机吸入	1.使用不受有机溶剂侵蚀的材料 2.更换空压机润滑油，使用无油压缩机工或使用金属杯 3.使用金属杯

附表 2-14　气动系统常见故障及排除方法

故障现象	产生原因	排除方法
异常高压	1.减压阀损坏 2.因外部振动冲击产生冲击压力	1.更换减压阀 2.在适当部位安装安全阀或压力继电器
气路无气压	1.开关阀、启动阀、速度控制阀等未打开 2.换向阀未换向 3.管路扭曲压偏 4.滤芯堵塞或冻结 5.工作介质或环境温度太低,造成管路冻结	1.予以开启 2.检查排除 3.纠正或更换管路 4.更换滤芯 5.及时清除冷凝水，增设除水设备
供压不足	1.耗气量太大，空压机输出流量不足 2.空压机活塞环等磨损 3.漏气严重 4.速度控制阀开度小 5.减压阀输出压力低 6.管路细长或管接头选用不当 7.各支路流量匹配不合理	1.选择适当流量的空压机或增设一定容积的气罐 2.更换零件 3.更换损坏的密封件或软管，紧固管接头及螺钉 4.将速度控制阀打开到合适开度 5.将减压阀的压力调节至正常 6.重新设计管路，加粗管径，选用流通能力大的管接头及气阀 7.改善各支路流量匹配性能，采用环形管道供气

参 考 文 献

[1] 吴丛，蒲钟佑. 液压与气动[M]. 北京：北京理工大学出版社，2003.

[2] 姜佩东. 液压与气动技术[M]. 北京：高等教育出版社，2000.

[3] 齐晓杰. 汽车液压与气动传动[M]. 北京：机械工业出版社，2005.

[4] 赵波. 液压与气动技术[M]. 北京：机械工业出版社，2002.

[5] 赵波，王宏元. 液压与气动技术[M]. 北京：机械工业出版社，2005.

[6] 李芝. 液压传动[M]. 北京：机械工业出版社，1999.

[7] 左健民. 液压与气动技术[M]. 北京：机械工业出版社，2006.

[8] 屈圭. 液压与气压传动[M]. 北京：机械工业出版社，2002.

[9] 赵世友. 液压与气压传动[M]. 北京：北京大学出版社，2007.

[10] 邱国庆. 液压技术与应用[M]. 北京：人民邮电出版社，2006.

[11] 王晓方. 液压与气动技术[M]. 北京：中国轻工业出版社，2006.

[12] 张世亮. 液压与压传动[M]. 北京：机械工业出版社，2006.

[13] 马振福. 液压与气压传动[M]. 北京：机械工业出版社，2004.

[14] 朱梅，朱光力. 液压与气动技术[M]. 西安：西安电子科技大学出版社，2004.